BIBLIOTHÈQUE
DES MERVEILLES

PUBLIÉE SOUS LA DIRECTION

DE M. ÉDOUARD CHARTON

———

LA VERRERIE

PARIS. — TYPOGRAPHIE LAHURE

Rue de Fleurus, 9.

BIBLIOTHÈQUE DES MERVEILLES

LA VERRERIE

DEPUIS LES TEMPS LES PLUS RECULÉS JUSQU'A NOS JOURS

PAR

A. SAUZAY

CONSERVATEUR-ADJOINT DU MUSÉE DES SOUVERAINS
ET DES OBJETS D'ART DU MOYEN AGE ET DE LA RENAISSANCE

TROISIÈME ÉDITION
REVUE ET AUGMENTÉE
PAR A. JACQUEMART

OUVRAGE ILLUSTRÉ DE 66 GRAVURES
D'APRÈS LES DESSINS DE
B. BONNAFOUX

PARIS

LIBRAIRIE HACHETTE ET Cie

79, BOULEVARD SAINT-GERMAIN, 79

1876

AVERTISSEMENT

Parmi les découvertes dues au hasard et perfectionnées par l'intelligence de l'homme, celle du verre est sans contredit l'une des plus importantes.

Outre que le verre satisfait à un nombre considérable de nos besoins usuels, c'est encore à lui, à sa puissance, qu'on peut attribuer, en grande partie, la marche ascendante et toujours progressive des sciences : en effet, c'est en centuplant à l'infini la force de l'organe de la vue de l'homme, que le verre livre à ses investigations les œuvres les plus cachées de la création.

Grâce à son secours il n'est plus aujourd'hui de mystères impénétrables : peu à peu tout se voit, tout s'étudie, tout s'explique, tout s'analyse. Deux exem ples, pris aux deux extrêmes de la création, les infiniment grands et les imperceptiblement petits, le prouvent assez. Ici c'est le télescope qui, découvrant les secrets du firmament, oblige, pour ainsi dire, les astres à descendre de leur immense espace pour venir s'offrir à l'étude de l'astronome ; là c'est le microcope qui, plus utile encore en ce sens qu'il est la lumière de toutes les sciences naturelles, devient la source des découvertes les plus curieuses et les plus importantes, car il offre à nos regards tout ce dont nous ne soupçonnions même pas l'existence ; il nous ouvre un monde nouveau ; l'atome le plus imperceptible à l'état de nature prend un corps, grandit et se développe à tel point que là où tout à l'heure rien ne paraissait exister, nous découvrons des myriades d'êtres vivants.

Ces deux exemples méritent certes à eux seuls le nom de merveilles : mais ils ne suffisent pas à l'éloge du verre, qui, obéissant à la volonté de l'homme, se prête à tous ses besoins, à toutes ses fantaisies.

La vie privée et pratique de tous les jours ne profite-t-elle pas de ses bienfaits ? Sous forme de vitres, le verre nous donne le jour tout en nous défendant des injures des saisons ; glace ou miroir, il reproduit nos images ; lustre, il double le feu des lumières par ses nombreux reflets diamantés, et si nous entr'ouvrons la porte de la salle à manger, nous retrouvons son éclat transparent dans ces carafes et dans ces verres à boire aux formes sveltes, pures et élégantes.

Tant d'applications diverses en sont-elles moins des merveilles parce que nous sommes habitués à les voir tous les jours, et ne méritent-elles pas, elles aussi, leur petite histoire individuelle ? C'est ce travail que nous allons entreprendre.

Si malgré nos nombreuses recherches et tous les soins apportés dans leur classification, le lecteur trouve encore quelque oubli, quelque erreur même (et certes nous sommes loin de penser que notre travail en soit exempt), qu'il veuille bien nous les pardonner en considération de tout ce que notre sujet embrasse.

La crainte qui nous oblige à cet aveu n'étonnera personne, quand nous rappellerons que l'un des hommes les plus savants de notre époque, M. Péligot, traitant spécialement la question du verre sous ses diverses formes chimiques et pratiques, dit à ses lecteurs : « Je ne me fais pas illusion sur les imperfections que présente mon travail [1], mais j'ai espéré

---

1. *Douze leçons sur l'art de la verrerie.*

qu'on me tiendrait compte des difficultés qu'on
éprouve à rassembler des documents un peu étendus
sur l'industrie verrière, industrie qui vit par la tradition, qui évite la publicité, et sur laquelle, si l'on
excepte les articles des encyclopédies et des traités
de chimie, aucun travail d'ensemble n'a été fait depuis plus d'un siècle et demi. »

Si, par excès de modestie, M. Péligot réclame l'indulgence du lecteur, lui qui certes en a moins besoin
que personne, comment pourrions-nous, au début de
ce livre, nous dispenser de solliciter une indulgence
plus grande et surtout plus nécessaire ?

LES MERVEILLES

DE

LA VERRERIE

I

HISTOIRE GÉNÉRALE

Peu de questions ont été plus discutées que celle de l'origine du verre. Est-ce à la Phénicie, à la Phrygie, à Thèbes ou à Sidon que nous en sommes redevables ; ou bien, reculant encore dans des siècles bien antérieurs à la fondation de ces royaumes, faut-il, ainsi que plusieurs auteurs le prétendent, fixer son invention à l'époque où les hommes, ayant découvert le feu et soumis à son action les corps de la nature isolés ou mélangés, purent remarquer, entre autres phénomènes, la vitrification de certaines briques ?

Admettre cette dernière opinion, c'est désigner Tubal-

Caïn, fils de Sella et de Lamech[1], qui, selon la tradition, passe pour avoir été le huitième homme après Adam, et que la Genèse (chap. IV, verset 22) cite comme « habile à fondre et à travailler le fer et l'airain. »

Cette ancienneté admise était certes déjà assez respectable pour contenter les plus difficiles, lorsque M. Reimann, savant allemand, prétendit que la traduction hébraïque était vicieuse et qu'il fallait lire que Tubal-Caïn n'avait enseigné qu'à graver le cuivre et le fer[2].

Comme cette glose, qui ne pose le fils de Sella et de Lamech que comme un artiste ornant le fer et le bronze travaillés avant lui, nous obligerait à remonter encore plus haut pour trouver celui qui le premier fondit les métaux, et que, dans le but d'obtenir ce résultat assez problématique, il ne nous resterait plus qu'une centaine d'années pour toucher au commencement du monde, nous demandons aux lecteurs la permission de quitter le champ des hypothèses et d'arriver au plus vite à des faits constatés par des monuments, car de toute cette érudition antédiluvienne, de tous les systèmes opposés qu'il nous faudrait citer, on ne pourrait conclure qu'une seule chose, l'ignorance absolue sur l'époque même approximative de la découverte du verre.

Avant d'arriver aux monuments eux-mêmes, nous croyons cependant devoir donner aux lecteurs le récit de Pline[3] touchant l'invention du verre et le hasard qui lui donna naissance.

« On raconte, dit l'auteur latin, que des marchands phéniciens, ayant relâché sur le littoral du fleuve Belus[4],

---

1. Né l'an du monde 130 (3870 ans avant J. C.), ce qui reporterait la découverte du verre à 5737 ans.

2. *Histoire antédiluvienne*, section I, s. 41, p. 39.

3. *Histoire naturelle*, liv. XXXVI, chap. LXV. Cet auteur latin vivait l'an 23 de J. C.

4. Maintenant Narhr-Halou. Ce fleuve traverse la plaine de Saint-

préparaient, dispersés sur le rivage, leur repas, et que ne trouvant pas de pierres pour exhausser leurs marmites, ils employèrent à cet effet des pains de natron[1] de leur cargaison. Ce nitre ayant été ainsi soumis à l'action du feu avec le sable répandu sur le littoral du fleuve, ils virent couler des ruisseaux transparents d'une liqueur inconnue, et telle fut l'origine du verre[2] »

Cette opinion, avec quelque variante, se trouve répétée, d'après Flavius Josèphe[3], par Palissy, dans son *Traité des eaux et fontaines* (page 156) : « Aucuns disent que les enfants d'Israël ayant mis le feu en quelques boys, le feu fut si grand qu'il eschauffa le nitre auec le sable, iusques à le faire couler et distiler le long des montagnes, et que dès lors on chercha l'inuention de faire artificiellement ce qui auoit esté fait par accident pour faire les verres. »

Le récit que Pline ne donne, au surplus, que comme un fait qui lui fut *raconté*, et dont par conséquent il ne peut certifier l'authenticité, a trouvé et trouve encore aujourd'hui un très-grand nombre d'incrédules parmi les chimistes, qui ne peuvent s'expliquer, ou plutôt qui nient

---

Jean-d'Acre et se jette dans le golfe, près de cette ville. Il ne se trouve pas mentionné dans la Bible, mais il est célèbre dans l'antiquité, car ce fut sur ses bords que les Phéniciens inventèrent le verre. (Munck, *Univers pittoresque, la Palestine*, p. 389.)

1. Les anciens désignaient par ce mot une espèce de carbonate de soude natif.

2. Tacite (*Histoires*, liv. V, chap. VII) rapporte le même fait que Pline, mais d'une manière plus simple, car, laissant inexpliqué le mode de fusion employé, et supprimant entièrement l'histoire de la marmite, il se contente de constater « qu'on trouve à l'embouchure du Belus, fleuve qui tombe dans la mer de Judée, des sables qui, mêlés au nitre et soumis à l'action du feu, produisent le verre. La plage, d'une médiocre étendue, en fournit toujours sans que jamais on l'épuise. » Tacite vivait l'an 60 de J. C.

3. Cet historien latin naquit à Jérusalem, l'an 37 de J. C., et mourut à Rome vers 95.

formellement qu'à aucune époque on ait pu liquéfier à l'air libre des matières qui, de nos jours et avec nos procédés perfectionnés, ne peuvent entrer en fusion qu'à l'aide de fours construits exprès et concentrant une chaleur de 1000 à 1500 degrés.

Nous sommes donc dans l'impossibilité de décider soit la question scientifique, soit le droit de première invention entre les produits qui, tout en remontant à une époque excessivement éloignée (et ceux-là sont en grand nombre dans nos musées), ne portent cependant ni lieu de provenance ni date précise de fabrication, ce qui seul permettrait d'établir entre eux un ordre chronologique. Aussi nous contenterons-nous de prendre pour point de départ les objets qui, tant par le lieu où ils ont été trouvés que par les inscriptions qu'ils portent, remontent, suivant nos connaissances actuelles, à l'antiquité la plus reculée. En première ligne, nous citerons les verriers thébains, d'après les peintures des tombes de Beni-Hassan, qu'on pense être de deux mille ans antérieures à l'ère chrétienne. Certains auteurs les croient même exécutées sous Ousertasen Ier, qui régnait 3500 ans avant notre ère. Ici (fig. 1), c'est un Thébain qui, accroupi au pied d'un four, paraît

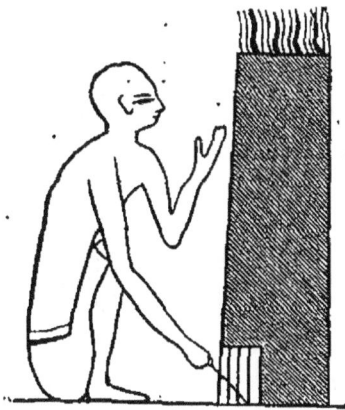

Fig. 1. — Verrier thébain.

puiser le verre en fusion. Là (fig. 2), deux autres, assis à terre, et tenant chacun une *canne* en tout semblable à celles dont on se sert aujourd'hui, commencent à souffler un morceau de verre attenant à chacune des cannes dirigées vers un foyer. Et enfin (fig. 3), deux verriers, toujours armés de la canne, soufflent un vase dont l'orifice touche à terre.

Une ancienneté de 3500 ans avant notre ère ne pou-

vant être positivement admise, puisque Ousertasen a eu
des successeurs, et qu'on ignore si des peintures ont été

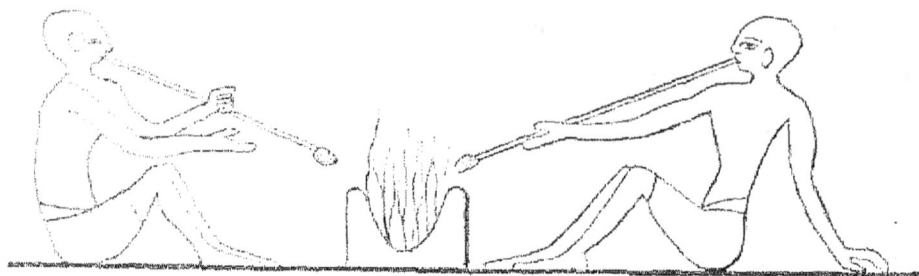

Fig. 2. — Verriers thébains.

exécutées sous son règne ou sous le leur, constatons seulement ici que la verrerie était pratiquée à Thèbes et
prenons un autre exemple qui, lui, sera sans réplique,

Fig. 3. — Verriers thébains.

car le grain de collier dont nous donnons la reproduction
(fig. 4) porte le nom de la reine pour laquelle il fut fait,
et par conséquent la date de sa fabrication.

Fig. 4.
Grain d'un collier royal.

Fig. 5.
Légende hiéroglyphique.

Ce grain, en pâte de verre, trouvé à Thèbes par le capitaine Hervey de la marine royale, a été décrit par

M. Gardner Wilkinson[1]. Suivant le savant anglais, ce grain *moulé* et *d'art très-avancé* porte en creux la légende hiéroglyphique de la reine (fig. 4 et 5).

Nous l'avons développée, afin de la livrer en son entier au lecteur. Nous en devons la traduction à notre ami et collègue M. Théodule Devéria, conservateur adjoint au musée du Louvre, connu dans le monde savant pour sa grande habileté à lire les hiéroglyphes.

Voici ce qu'il en dit :

« La première ligne de cette légende est seule lisible, elle se traduit sans difficulté : *La bonne déesse* (c'est-à-dire la reine) *Râ-mâ-kâ aimée d'Athor, protectrice de Thèbes*. Râ-mâ-kâ est le prénom de la reine Hatasou, régente de Thoutmès III, qui régna dans la XVIIIe dynastie (quinzième siècle avant notre ère, suivant la chronologie de Brugsch). »

Voilà donc Thèbes nous offrant cette fois non pas une industrie naissante et sans date précise, mais un art déjà avancé remontant à 3369 ans.

Thèbes, ainsi qu'on va le voir, n'était pas la seule ville d'Égypte qui se livrât avec succès à l'industrie verrière, car si Pline vante les verreries de Sidon[2], Hérodote et Théophraste chantent les merveilleuses productions des Tyriens.

La réputation de ces diverses verreries ne pouvait rester ignorée des Romains ; aussi, à peine Caius Julius César Octave eut-il soumis l'Égypte (26 ans avant J.-C.) qu'il s'empressa d'exiger que le verre fît partie du tribut imposé aux vaincus.

Cet impôt, loin d'avoir été, comme on pourrait le croire, une cause de ruine pour l'Égypte, devint une source de

---

1. *The Manners and Customs of the ancient Egyptians*, t. III, p. 88, édition de 1847.

2. Nous possédons, au Cabinet des Médailles de la Bibliothèque, un vase signé par Artas, de Sidon.

fortune pour toutes ses verreries, car Rome, toujours avide
de nouveauté, ayant patronné avec *furia* ces produits
nouveaux pour elle, les Égyptiens se livrèrent à un très-
grand commerce d'exportation dont ils conservèrent le
monopole jusqu'au règne de Tibère (l'an 14 de J. C.),
époque à laquelle, suivant Pline, cette industrie commença à être cultivée à Rome.

Doués d'un esprit vif, et mettant en usage les procédés
usités en Égypte, soit par le secours d'artistes égyptiens
attirés à Rome, soit au contraire par des élèves envoyés
dans cette nouvelle province, les Romains firent des progrès tellement rapides, qu'en peu de temps leurs produits
parvinrent à rivaliser, tant sous le rapport de la forme
que pour la coloration et la taille du verre[1], avec les
œuvres qui leur avaient servi de modèles.

Une seule citation de Pline (liv. XXXVI, chap. xxiv)
vatout à la fois nous mettre à même d'apprécier la gigan-
tesque importance des verreries romaines, et nous donner
une idée du luxe qu'un certain Scaurus déploya pour
fêter son avénement aux fonctions d'édile.

« Nous montrerons, dit Pline, que leurs extravagances
(celles de Caligula et de Néron) ont été surpassées par les
constructions d'un simple citoyen, de M. Scaurus. Je ne
sais si son édilité ne fut pas un plus grand fléau des
mœurs, et si ce n'est pas un plus grand crime à Sylla
d'avoir donné tant de puissance à son beau-fils que
d'avoir proscrit tant de citoyens. Il fit dans son édilité,
et seulement pour durer quelques jours, le plus grand
ouvrage qui ait jamais été fait de main d'homme, même
pour une destination perpétuelle. C'était un théâtre à trois
étages, ayant trois cent soixante colonnes, et cela dans
une ville où six colonnes de marbre d'Hymette, chez un

1. Le vase de Portland que, par la nature de son travail, nous avons
dû placer au chapitre des *verres à deux couches*, vient à l'appui de
ces assertions.

citoyen très-considérable, avaient excité des murmures. Le premier étage était en marbre, le second en verre, genre de luxe dont il n'y a plus eu d'exemple, le troisième en bois doré. Les colonnes du premier étage avaient 38 pieds. Des statues d'airain, au nombre de trois mille, étaient placées entre les colonnes. L'enceinte contenait quatre-vingt mille spectateurs ; et cependant le théâtre de Pompée, bien que la ville se soit beaucoup agrandie, et que la population ait beaucoup augmenté, suffit grandement avec ses quarante mille places. Le reste de l'appareil, en étoffes attaliques[1], en tableaux et autres ornements de la scène, était si considérable, que Scaurus ayant fait porter dans sa maison de Tusculum ce que ne réclamait pas son luxe de chaque jour, et ses esclaves ayant brûlé la maison par vengeance, la perte fut de cent millions de sesterces. »

- Cette somme équivaut à vingt et un millions de francs.

De cette folie de Scaurus on aurait tort de déduire que les verriers romains ne fabriquaient que de tels objets, car, tout à la fois artistes et commerçants, s'ils firent des objets d'art, et nous en donnerons tout à l'heure la preuve, ils n'oublièrent jamais que l'industrie ne peut vivre qu'à la condition de mettre à la portée de tous des produits répondant à un besoin général. L'immense quantité d'objets en verre qui se trouvent dans les tombeaux romains, et dont nous allons parler, prouve que le verre employé à l'état usuel était très-répandu à Rome.

Voici l'inventaire complet (quant aux objets en verre seulement), et divisé en trois catégories distinctes, de ce que contenait un tombeau romain découvert en 1837 à Baccalcone. Nous parlerons d'abord des vases qui, se trouvant dans tous les tombeaux, paraissent, par ce fait seul, la conséquence d'un cérémonial alors en usage ;

1. Les Attales, rois de Pergame, passaient pour être fort riches ; aussi les richesses *attaliques* étaient-elles devenues proverbiales.

Fig. 6. — Verreries romaines.

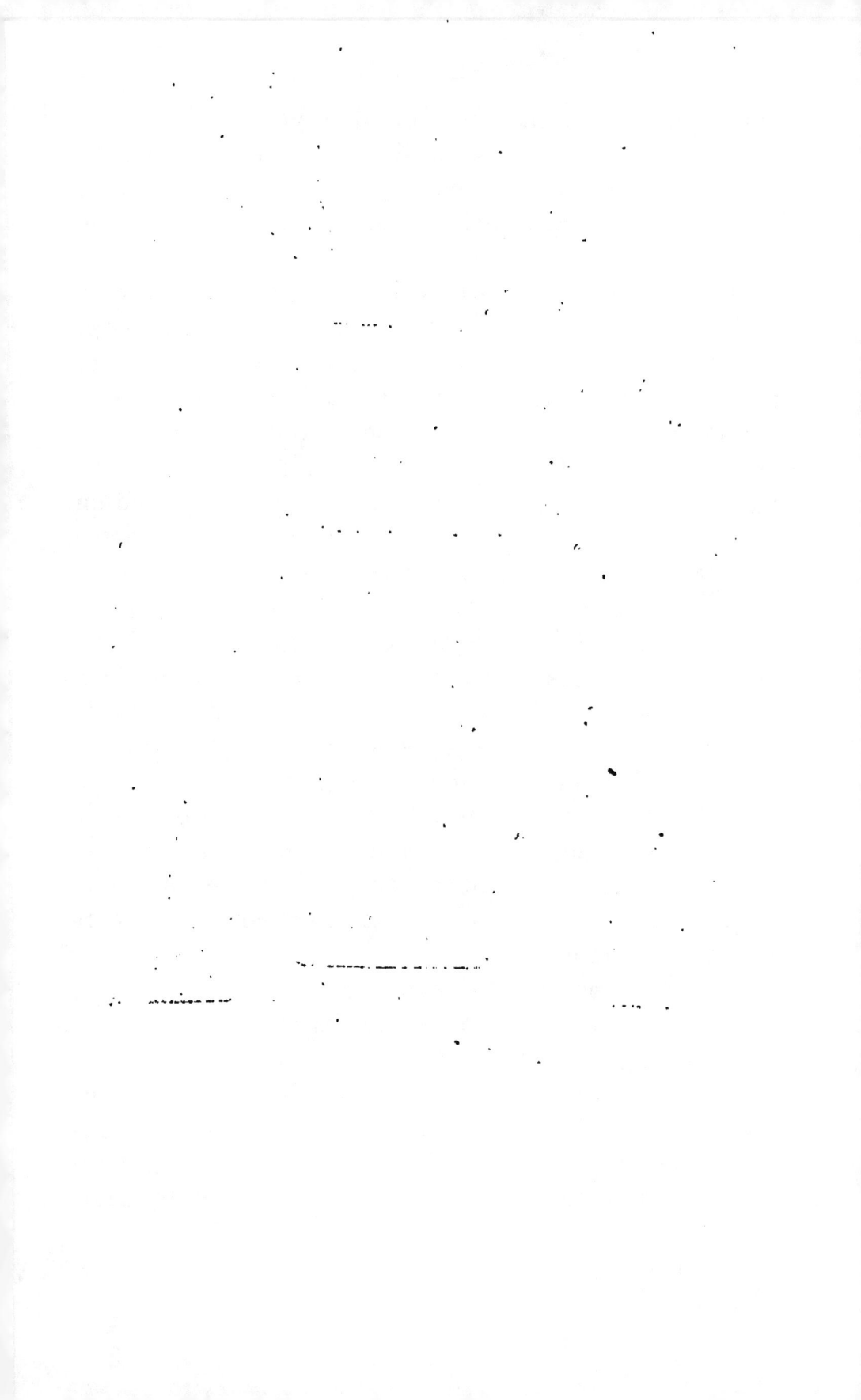

puis après viendront ceux qui, d'usage journalier, n'y prenaient qu'une place arbitraire, laissée à la volonté des parents qui enfermaient avec le mort les objets dont il se servait ou pour lesquels il avait une affection particulière.

Chacun sait que ce respect du souvenir s'est conservé de nos jours. Quelques lignes, extraites *des Coutumes et cérémonies observées par les Romains*[1], vont nous faire connaître l'usage de chacun de ces objets.

« Pour brûler le cadavre, on élevoit un bûcher en forme d'autel ou de tour, construit avec du bois fort combustible, autour duquel on mettoit des cyprès. Quand on étoit arrivé au bûcher, on y plaçoit le corps, qu'on arrosoit des liqueurs les plus précieuses contenues dans les vases (n°s 2, 3, 7, 8, 9, fig. 6), et les plus proches parents y mettoient le feu en détournant le visage. On y jetoit aussi les habits les plus riches du mort et ses armes ; ses parents coupoient leurs cheveux et les jettoient sur le bûcher. Pendant que le corps brûloit, on répandoit devant le bûcher du sang humain (coupe n° 4) qui apaisoit, à ce qu'ils croyoient, les mânes du défunt. Lorsque le corps étoit consumé, on éteignoit les flammes avec du vin (vase n° 5), et les parents du mort renfermoient ses os et ses cendres dans une urne (n° 1) où ils mêloient des fleurs et des liqueurs odoriférantes. »

L'objet représenté n° 6, et dont nous ignorons l'usage, est un flacon en forme d'oiseau. Les vases de cette espèce se rencontrent souvent.

Quittons ce triste spectacle pour arriver à un sujet plus riant — la toilette d'une dame romaine ; — là, nous trouverons la preuve que, si les anciens nous ont dotés d'un grand nombre de merveilles, ils ont aussi transmis

---

1. Traduit du latin de Nieuport par l'abbé Desfontaines. Paris, Nyon, 1740, p. 308.

aux générations qui les suivirent cette mode, hélas! trop
répandue de nos jours, et qui, malgré toute l'habileté
du *peintre*, ne trompe absolument que la personne qui
s'en sert — le maquillage. Oui, les dames romaines, de
la décadence, se *pastellisaient*, et il paraît même que,
dans la pratique, elles étaient passées maîtresses en cet
art. Le premier objet qui nous frappe (fig. 7, n° 1) est
une boule creuse en verre coloré dans laquelle se mettait
le fard, et dont l'accessoire naturel et obligé est la baguette (n° 4) qui, en verre tourné et portant à chacune
de ses extrémités une partie aplatie, servait à étendre la
couleur sur le visage.

Comme nous n'avons pas la prétention d'avancer, en
thèse générale, que les anciens ont tout inventé, nous
saisissons avec bonheur l'occasion de revendiquer pour
la France l'honneur d'avoir remplacé la baguette de
verre par une patte de lièvre, laquelle, au moment où
nous écrivons, est, nous dit une personne fort experte
dans la matière, remplacée par du coton très-fin formé
en petite boule.

Nous avons précédemment dit que la verrerie romaine
fournissait beaucoup d'objets destinés à l'usage domestique; nous ne prétendons certes pas que ceux que nous
offrons au lecteur en représentent la totalité, mais ils
suffiront pour prouver que les Romains possédaient au
moins une grande partie de ceux dont nous nous servons
aujourd'hui; leur analogie avec les nôtres prouve sans
doute qu'ils étaient destinés aux mêmes usages.

Ici (fig. 8, n° 1) c'est une amphore à deux anses ayant
à côté d'elle une de ces amphores (n° 2) sans anses, désignées par Pétrone sous le nom de *Amphora vitrea*
(amphore de verre), au-dessous (n° 3) un plateau destiné, pense-t-on, à contenir les fruits confits; là (n° 4), un
vase à anse et déversoir lobé décoré de reliefs, et enfin
(n° 3) un fragment de verre à boire. Ces derniers spéci-

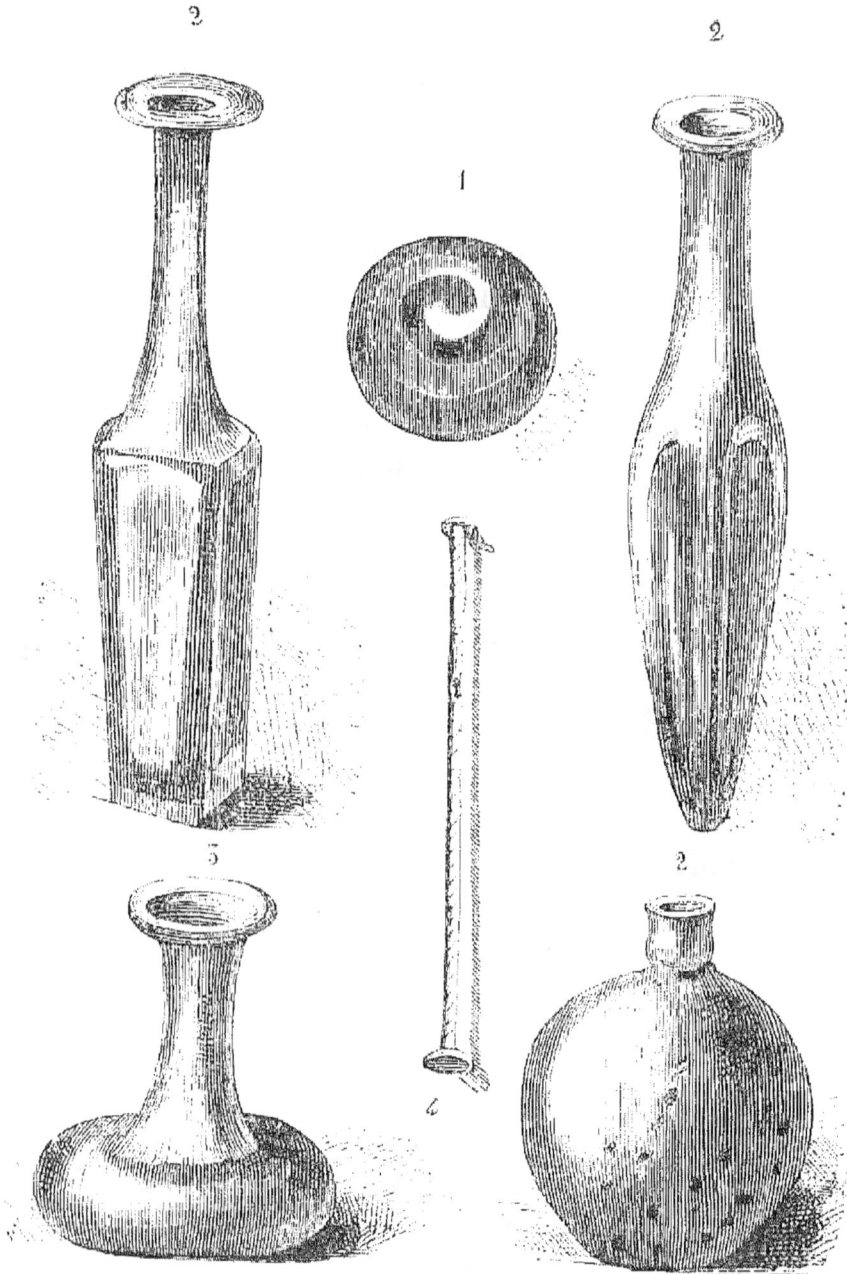

Fig. 7. — Verreries romaines.

LA VERRERIE.

2

mens, d'une fabrication distinguée, font comprendre que l'antiquité pouvait bien nous transmettre les noms de ses artistes, tels qu'Ennion, Julius Alexander, de Carthage, et Euphrenus, auteur d'un gobelet de verre blanc orné de deux branches de myrte.

La Gaule étant tombée sous la puissance romaine, le premier soin du vainqueur fut d'y importer ses lois, ses mœurs, ses coutumes, ainsi que ses diverses industries. Au nombre de ces dernières, la seule qui doïve nous occuper — l'industrie verrière — est certes une de celles qui furent le plus répandues. En effet, les fouilles faites avec tant de soin depuis quelques années, dans les anciennes provinces de France, ont procuré à l'étude une si grande quantité d'objets en verre, analogues, tant pour la matière et le mode de fabrication que pour la forme, à ceux trouvés dans les tombeaux romains, qu'on serait porté à leur assigner Rome comme lieu de fabrication ; mais la découverte d'un nombre infini de verreries gauloises, exploitées par les indigènes, permet de constater que nos ancêtres firent de très-bonne heure une grande concurrence aux verriers romains, non-seulement dans les objets vulgaires, mais encore dans l'art. Nous voulons, pour ne citer qu'un exemple, mettre sous les yeux du lecteur le vase de Strasbourg, qui, par la difficulté de la fabrication, indique un art très-avancé.

Voici ce que dit de cette pièce intéressante M. Schweighauser[1], bibliothécaire de la ville de Strasbourg : « La coupe entourée d'une sorte de réseau ou de grillage en verre colorié en rouge, et portant une inscription en verre vert, a été trouvée en 1825 dans un cercueil en forme d'auge, déterré par hasard tout auprès des glacis de

1. *Notice sur quelques monuments gallo-romains du département du Bas-Rhin*, t. XVI, p. 95, des *Mémoires de la Société royale des antiquaires de France*, 1842.

Strasbourg par un jardinier cultivateur. Elle a été déposée par mes soins dans le musée de notre bibliothèque publique, où elle fait l'admiration de tous ceux qui la voient. Elle a été brisée par la maladroite curiosité de celui qui l'avait trouvée, et une partie de l'inscription

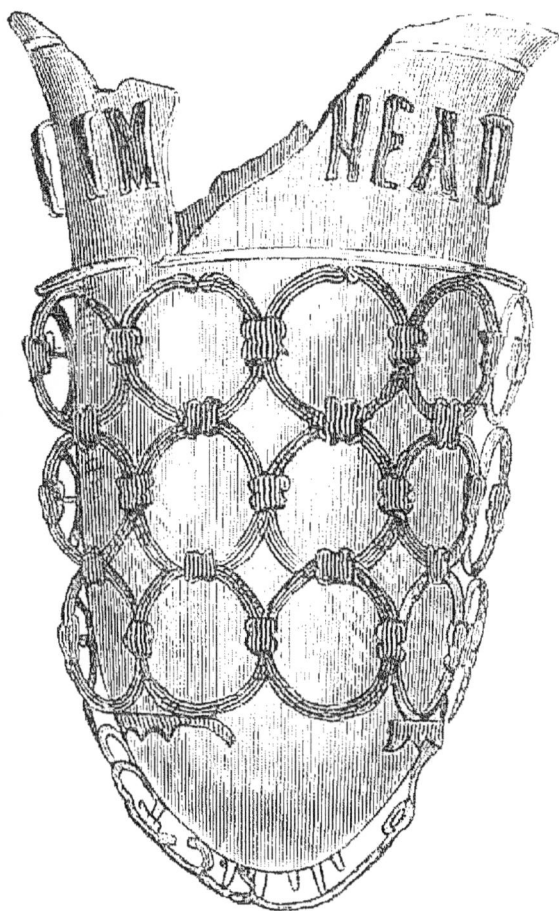

Fig. 8. — Vase de Strasbourg.

manque; cependant l'on peut y reconnaître encore avec certitude le nom de MAXIMIANVS AVGVSTVS; c'était sans doute MAXIMIEN HERCVLE[1], qui a souvent séjourné dans les Gaules, et dont les médailles sont très-

1. Empereur romain, né en Pannonie, vers l'an 250, mort à Marseille en 310.

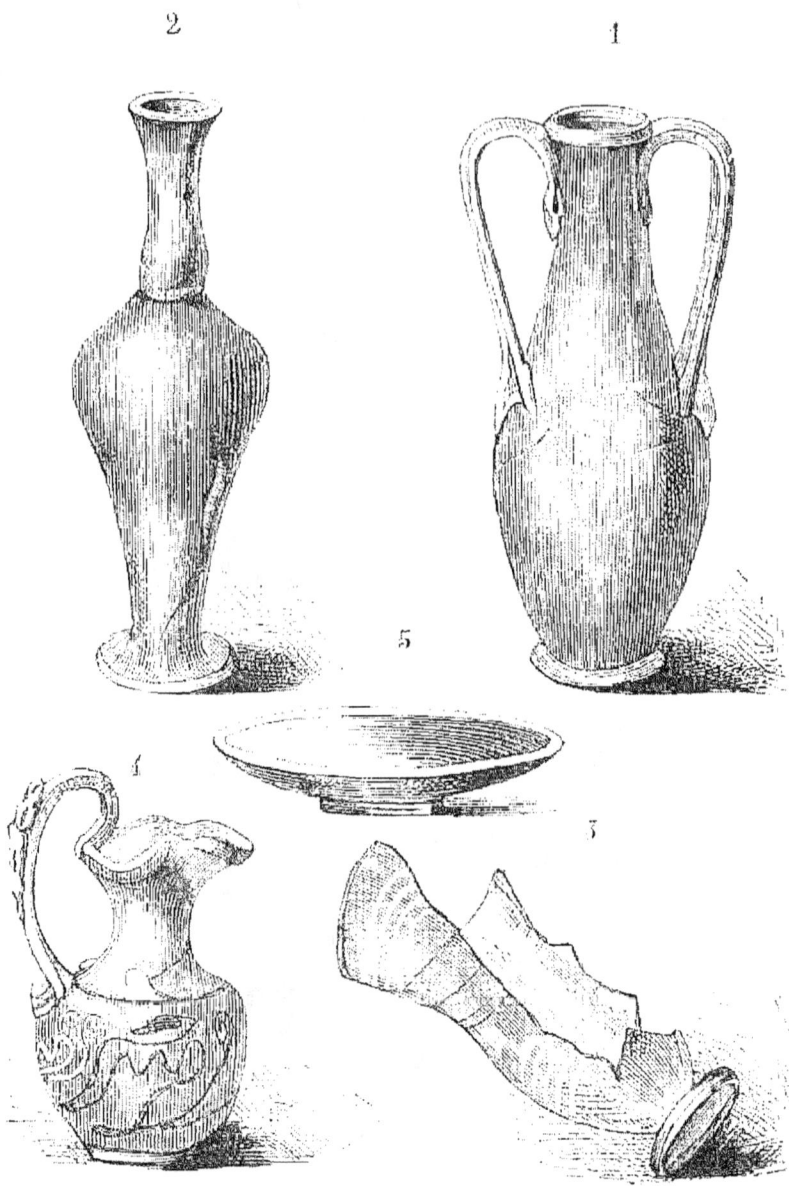

Fig. 9. — Verreries romaines.

fréquentes dans nos environs. Cet empereur avait vrai-
semblablement reçu cette coupe en présent, et l'avait
ensuite donnée à quelque ami, mort aux environs d'Ar-
gentoratum (Strasbourg), avec lequel elle fut enterrée
comme un objet précieux. »

Les nombreuses verreries, établies tant dans la Gaule
qu'en Espagne, tombèrent au moment où la civilisation
fut refoulée par les barbares qui avaient porté le pillage
et l'incendie dans Rome, et qui anéantirent les industries à ce point que les procédés de fabrication furent
presque perdus pour l'Occident.

Rien ne meurt tout à fait, dit-on ; la vérité de ces
paroles se trouve démontrée pour la verrerie : car si elle
était morte en Occident, elle renaissait en Orient sous
Constantin I[er][1]. Dès qu'il eut transporté le siége de l'empire à Byzance (l'an 330), il s'empressa d'attirer à lui les
artistes et ouvriers d'Occident, qui trouvèrent, dans ce
nouvel empire, aide, protection, et, plus encore, un immense débouché pour tous les genres d'industrie. Pour
faciliter leur commerce d'exportation, les verreries
avaient été réunies près du port. Désirant encourager
particulièrement cette branche de commerce, Théodose II[2]
exempta les verriers de tout impôt personnel. Avec de
tels protecteurs, l'industrie verrière devait prospérer ;
aussi ses produits jouissaient-ils d'une telle réputation,
qu'ils étaient offerts en présent aux princes et même aux
rois de l'Occident.

1. Constantin Ier, surnommé le Grand, fils de Constance Chlore et
d'Hélène, empereur romain, né à Naïssa, dans la Dardanie, en 274,
mort en 337.

2. Théodose II, fils d'Arcadius, empereur romain, né en 399, régna
de 408 à 450.

VERRERIE VÉNITIENNE

Malgré ces succès, l'heure était sonnée pour Byzance et l'Occident allait ressaisir son ancienne industrie. Venise la réclamait, et, à sa voix, l'Orient perdit, vers le quatorzième siècle, le monopole presque exclusif que ses verriers avaient momentanément étendu sur l'Occident.

Suivant Carlo Marin[1] et le comte Filiasi, auteurs italiens, la naissance de l'industrie verrière vénitienne serait presque contemporaine de la fondation de la ville, attribuée, comme on sait, à l'émigration de quelques familles d'Aquilée et de Padoue qui, fuyant les armées d'Attila, vinrent chercher un refuge dans les îles des lagunes vers l'an 420.

Tout en admettant, sous toute réserve cependant, la possibilité d'une telle ancienneté, nous nous transportons à une époque qui, plus connue, nous permettra de suivre l'industrie dans ses progrès et jusqu'à son apogée.

L'époque que nous prenons pour point de départ, et qui est certes une des plus brillantes de l'histoire de cette république, sera celle où, après avoir soumis les villes maritimes de l'Istrie et de la Dalmatie, sa marine, rivalisant avec celles de Pise et de Gênes, transportait en Asie les marchandises, les pèlerins, ainsi que les croisés allant combattre les infidèles.

Si, en 330, Constantin Ier avait, comme nous l'avons dit, attiré en Orient les artistes les plus fameux de l'Occident, Venise, à son tour, et neuf siècles après, appelait à elle les artistes grecs. C'est de cette époque, en effet (fin du treizième siècle), que les actes de la république prouvent tout à la fois l'importance des nombreuses ver-

1. Carlo Marin, *Storia civile e politica del comercio de' Veneziani.*

reries existant à Venise, et l'intérêt qu'elle attachait à cette industrie, intérêt tel, que, comme le dit Carlo Marin, *elle l'aimait comme la prunelle de ses yeux.*

Cet *amour*, tant prôné par certains auteurs, est-il aussi désintéressé qu'ils ont bien voulu le dire, et ne ressemble-t-il pas à celui d'un certain prince persan qui, quand il aimait quelqu'un, le faisait enchaîner afin qu'il ne quittât pas le palais?

C'est ce que nous allons examiner.

Venise étant, pour ainsi dire, à l'époque que nous venons d'indiquer, le seul lieu où l'on fabriquât les objets en verre, les pays étrangers s'adressaient forcément à elle, et, grâce à ces demandes nombreuses, ainsi qu'à des exportations continuelles et immenses dont un compatriote leur donna l'idée, l'or venait s'accumuler dans les coffres de l'État. Si cette fabrication offrait au présent d'immenses bénéfices à une république éminemment commerçante, il ne lui restait plus qu'à trouver le moyen de les assurer pour l'avenir, et elle le trouva, car, toujours par *amour* pour les verriers, le grand conseil fit proclamer qu'il punirait de confiscation l'exportation hors de Venise, non pas, bien entendu, des matières fabriquées qui, pour elle, se convertissaient en or, mais des matières premières composant le verre, des recettes pour le fabriquer, et même du verre cassé, en un mot de tout ce qui aurait pu mettre les autres pays à même de faire la plus petite concurrence à l'industrie vénitienne.

Ce premier pas était à peine fait dans la voie du monopole, que le grand conseil qui, à ce qu'il paraît, n'avait pas une confiance illimitée dans le respect juré à la loi par les verriers alors disséminés dans les divers quartiers de Venise, promulgua une seconde loi (1289) qui, prenant pour prétexte les incendies probables que pouvaient occasionner les fourneaux, dont le nombre s'était déjà considérablement accru, ordonnait aux verriers de quitter Venise et d'aller s'établir dans la petite île de Murano, qui n'est séparée de la ville que par un espace de mer de très-peu d'étendue.

On comprendra facilement que cette agglomération devait favoriser un système d'espionnage qui, rendant la tâche de la police beaucoup plus facile, assurait d'une manière certaine le monopole que la république tenait à conserver.

Puisque nous parlons du monopole, nous pensons ne pouvoir mieux faire comprendre l'importance qu'y attachait l'État, qu'en plaçant sous les yeux du lecteur un document émanant du grand conseil des Dix. La rigueur y va jusqu'à l'infamie, car non content de frapper l'innocent pour atteindre le coupable, il ne reculait même pas devant l'assassinat. Ce document, déjà publié dans l'*Histoire de la république de Venise*, par M. Daru, est ainsi rapporté par M. J. Labarte[1] :

« Le 13 février 1490, la surintendance des fabriques de Murano fut confiée au chef du conseil des Dix, et, le 27 octobre 1547, le conseil se réserva le droit de *veiller* sur les fabriques pour empêcher que l'art de la verrerie ne passât à l'étranger. » Ces précautions ne paraissant pas encore suffisantes au conseil, l'inquisition d'État, dans l'article 26 de ses statuts, prit la décision que voici :

« Si un ouvrier transporte son art dans un pays étranger, au détriment de la république, il lui sera envoyé l'ordre de revenir.

« S'il n'obéit pas, *on mettra en prison les personnes qui lui appartiennent de plus près.*

« Si, malgré l'emprisonnement de ses parents, il s'obstinait à vouloir demeurer à l'étranger, *on chargera quelque émissaire de le tuer.* »

---

1. *Histoire des arts industriels au moyen âge et à l'époque de la Renaissance*, t. IV, p. 562.

Pour prouver que cette loi ne se bornait pas à l'intimidation, M. Daru ajoute que, dans un document déposé aux archives des affaires étrangères, on trouve deux exemples de l'application de l'*assassinat* : des ouvriers que l'empereur Léopold avait attirés en Allemagne en furent victimes.

Si, à ces documents irrécusables, nous en ajoutons d'autres beaucoup plus récents, tels que les arrêtés du grand conseil des 22 mars et 13 avril 1762, qui, non-seulement confirment les dispositions antérieurement prises, mais ajoutent encore de nouvelles rigueurs aux lois anciennes, tant contre les ouvriers qui iraient s'établir à l'étranger, que contre ceux qui divulgueraient les secrets de la fabrication, on aura alors une idée précise de la prétendue protection accordée aux verriers de Murano par la république de Venise.

Nous allons maintenant, retournant en arrière, prendre l'art, pour ainsi dire, à son point de départ artistique à Venise.

Au nombre des plus illustres verriers, nous devons citer en première ligne Angelo Beroviero (quinzième siècle), regardé avec juste raison comme ayant fait faire le plus grand pas à l'art du verrier, aidé, du reste, qu'il fut par Paolo Godi de Pergola, célèbre chimiste vénitien, qui lui avait donné nombre de formules relatives à la coloration du verre. Ces renseignements avaient une telle importance pour Beroviero, qui les possédait seul, que dans la crainte sans doute que sa mémoire ne le trompât, il les avait tous soigneusement consignés dans un manuscrit qu'il tenait caché à tous les yeux.

On n'est jamais trahi que par les siens, dit un vieux proverbe dont nous allons constater l'exactitude par une anecdote :

Beroviero avait pris pour domestique et pour ouvrier un jeune homme appelé Giorgio, et surnommé *il Balle-*

rino, par allusion à une difformité de ses pieds qui le rendait gauche de toute sa personne; c'était à cette difformité et à son air simple et candide qu'il avait dû d'être agréé par Beroviero, presque aussi méfiant que la République. Giorgio aima-t-il la jeune Marietta, fille de Beroviero? Marietta, fermant les yeux sur la tournure du jeune ouvrier, lui donna-t-elle son cœur? Ce qu'il y a de certain, c'est que *il Ballerino* s'empara un beau jour du volume manuscrit, confié, paraît-il, à la garde de Marietta, et le copia en entier. Une fois ce travail terminé, et armé de ce second exemplaire dont Beroviero était loin de soupçonner l'existence, Giorgio, en échange du prix énorme qu'il aurait, disait-il, retiré de la vente des recettes contenues dans le livre en les cédant à un confrère, demanda et obtint la main de Marietta avec une bonne dot, à l'aide de laquelle il construisit un four dont il tira de nombreux profits. Il devint ainsi le chef d'une maison bientôt célèbre, celle des Ballarini.

Nous avons précédemment annoncé que nous parlerions d'un certain Vénitien qui, par les récits qu'il fit à ses compatriotes, ouvrit de nouveaux débouchés à la verrerie et particulièrement à celle que nous désignerons sous le nom d'orfévrerie de verre, c'est-à-dire les bijoux, perles fausses, pierres précieuses factices, etc. Voici, à ce sujet, une autre légende, d'autant plus vraisemblable que les faits rapportés sont tout à fait dans les mœurs des Vénitiens, nés commerçants.

Il y avait à Venise, vers l'an 1250, deux frères, nommés, l'un Matteo Polo, l'autre Nicolo. Tous deux navigateurs, ou plutôt marchands, passaient leur existence à parcourir les villes les plus commerçantes de ces régions éloignées, que l'on désignait généralement alors sous le nom de pays Barbaresques.

Nicolo avait un fils qui, suivant la vie aventureuse de son père et de son oncle, devint cet illustre Marco

Polo[1], attaché d'abord (1271) au service de Koublay-Khan, puis bientôt gouverneur de l'une des provinces placées sous la domination de ce prince.

De retour à Venise (1295), Marco s'empressa de faire connaître à ses concitoyens, aussi intrépides navigateurs que commerçants entreprenants, non-seulement les mœurs, mais le goût effréné des peuplades de la Tartarie, de l'Inde et de la Chine pour les perles et les pierres précieuses. Il n'en fallait pas plus pour surexciter l'esprit inventif des Vénitiens. Aussi, bientôt Dominique Miotti dotait Venise de l'invention, perdue depuis bien des siècles, du soufflage des perles fausses; en 1528, Andrea Vidaore perfectionna le travail à la lampe, et Christophe Briani, ressuscitant de son côté un art autrefois porté à une grande perfection, produisait le verre coloré et l'aventurine.

De tels efforts devaient avoir leur récompense, et c'est aux verroteries que Venise dut en grande partie les richesses qu'elle tira des deux hémisphères. Aussi, encore en 1636, les Morelli furent-ils anoblis pour avoir donné un nouvel élan à la fabrication des perles.

Si ardente qu'elle fût pour ses intérêts, la république s'était toujours montrée reconnaissante des efforts faits par ses enfants; elle mettait en relief les hommes utiles, et, depuis Marino Beroviero, en 1458, et Francesco Ballarino, nous trouvons inscrits au livre d'or Bigoglia, Gazzabin, Motta, Muro, Seguso et Vistosi, verriers distingués. Les écrivains nous ont d'ailleurs signalé ceux dont les ouvrages devaient attirer l'attention : tel Nicolas de l'Aigle, dont les vases, en forme d'animaux fantastiques, étaient particulièrement recherchés pour les officines mystérieuses des alchimistes.

1. Marc Paul, célèbre voyageur vénitien, né vers 1250; il mourut en 1323.

Aussi, le temps ne ralentit pas le zèle des chercheurs ; en 1605, Girolamo Magagnati trouvait le secret de l'imitation des pierres précieuses. Vers 1730, Giuseppe Briati allait en Bohême surprendre les procédés du verre fin, et les rapportait dans sa patrie.

Cependant le monopole ne put être si bien gardé que quelques transfuges n'allassent offrir ailleurs la science acquise dans les usines de Murano. Girolamo et Alvise Luna se transportaient en Toscane pour y fonder une verrerie, et ils furent accueillis merveilleusement par Côme II qui les combla d'honneurs.

VERRERIE ALLEMANDE

La lumière ne pouvait, en effet, tarder à se faire pour les autres pays ; l'Allemagne la première, impatientée du tribut qui pesait sur elle, essaya de produire des objets en verre ; ils n'étaient pas semblables, quant à la forme et à l'ornementation, à ceux de Murano ; leur galbe et leur système décoratif en différaient tellement qu'on peut dire que les verriers allemands créèrent une industrie nouvelle.

En effet, laissant à Venise ses verres filigranés, si fins et si légers, l'Allemagne ne décora ses verreries que de peintures émaillées représentant généralement des armoiries (voy. page 126).

Le vase le plus ancien, orné de l'écusson de l'électeur palatin, porte la date de 1553. Il est exposé dans la Kunstkammer de Berlin.

Parmi les artistes verriers qui firent le plus d'honneur à l'Allemagne, il faut citer Johann Schaper, de Nuremberg (1661 à 1666) ; ses travaux, d'une excessive finesse, exécutés en noir et or, sont d'autant plus surprenants qu'il ne se mettait à l'ouvrage qu'excité par l'ivresse. Citons encore H. Benchert (1677), Johann Keyll (1675), et le chimiste saxon Kunkel (mort en 1702), auquel l'Allemagne est redevable de nombreuses formules pour la coloration du verre, et entre autres de celle du beau rouge rubis.

VERRERIE DE BOHÊME

L'élan industriel était donné dans l'Occident, car à l'Allemagne succéda la Bohême, qui entra dans la lice non-seulement avec des verres d'une limpidité bien plus grande que celle des produits italiens et allemands, mais encore avec un système décoratif jusqu'alors inconnu — la gravure — inventée, croit-on, vers 1609, par Gaspard Lehmann, et continuée par son élève Georges Schwanhard.

Le goût, ou plutôt la mode, qui faisait abandonner les verreries vénitienne et allemande pour les verres gravés de Bohême, prit une telle extension au dix-septième siècle, que des graveurs de Bohême manquant de verres indigènes unis, en rassemblèrent le plus qu'ils purent de fabrique vénitienne des quinzième et seizième siècles et se mirent à les décorer de gravures exécutées soit au touret, soit au diamant.

De cette union de deux industries séparées par plus d'un siècle, et cependant accolées sur un même objet, naît souvent une grande indécision de provenance.

Le meilleur et peut-être le seul moyen à employer pour distinguer le lieu de fabrication d'un verre consiste à juger de la provenance non par la forme, car souvent la Bohême a imité les formes italiennes, mais seulement par la nature du verre, tout à fait différente dans chacun de ces deux pays. Le verre italien est très-léger, d'une couleur tirant souvent sur le vert, et laissant voir souvent des bulles, tandis que celui de Bohême est excessivement limpide et lourd. Le poids et la couleur sont donc le plus sûr garant de la provenance.

Cette question intéressant les nombreux amateurs de notre époque, nous allons citer les paroles de M. J. Labarte[1], qui, dans la matière, est un des savants dont l'avis a le plus de poids.

« Le musée de Cluny conserve un verre à tige élevée, sur lequel est gravé le portrait en pied du prince Frédéric de Nassau [1] avec une inscription allemande; un autre verre avec les armes d'Espagne; un gobelet à pied, sur lequel on a reproduit une chasse avec une inscription hollandaise et la date 1664; et un grand verre avec les écussons des sept Provinces-Unies : toutes ces gravures sont faites au diamant.

« Il ne faut donc pas prendre pour des verres de Bohême ces vases vénitiens dont la gravure n'a été faite que plus d'un siècle après leur confection. »

La verrerie de Bohême ayant de nombreux admirateurs en Europe, nous pensons être agréable au lecteur en lui faisant connaître ici sa composition, telle que M. Bontemps la donne :

Sable provenant de quartz étonné et pilé. .	100
Carbonate de potasse. . . . . 38 à	42
Chaux éteinte.	18
Nitrate de potasse.	1.25
Arsenic.	0.75

Nous donnons, en outre, l'opinion de M. Godart[3], administrateur de la fabrique de Baccarat, sur la verrerie de Bohême :

« La fabrication de la Bohême est une fabrication de

1. Ouvrage précité, t. IV, p. 594.
2. Henri-Frédéric de Nassau, prince d'Orange, succéda à son frère Maurice, en 1625, comme chef de la république; il mourut en 1647.
3. *Extrait de l'enquête du traité de commerce avec l'Angleterre*, 1861, Imprimerie impériale; p. 553.

verre ; mais le verre qu'elle produit à très-bas prix est assez blanc et assez limpide pour faire simultanément une concurrence redoutable au verre et au cristal des autres pays.

« La majeure partie des verreries de Bohême ont été créées dans le seul but d'utiliser des bois qui n'auraient aucune valeur sans l'introduction de cette industrie. C'est ainsi qu'un certain nombre de verreries et de forges ont été établies en France, il y a cent et cent cinquante ans, au centre de nos contrées forestières.

« Mais la richesse croissante de notre patrie a multiplié les besoins et développé ces industries, au point que les bois sont devenus fort recherchés et fort chers. En Bohême, au contraire, l'accroissement de la richesse a été incomparablement plus lent ; le peuple est resté pauvre et sans besoins, ou sans moyens d'y satisfaire ; les bois sont encore presque sans valeur, et l'ouvrier bohémien, ardent, adroit et intelligent, reçoit des salaires qu'on a de la peine à s'expliquer quand on vit en France, et dont on déplore, dans tous les cas l'exiguité [1].

« La consommation du verre étant presque nulle en Bohême, cette contrée exporte presque tous ses produits soit dans les provinces plus riches de l'Autriche, soit dans toute l'Allemagne, en Suisse, en Italie, en Orient, en Russie, en Amérique, etc.

« Cette industrie est devenue tout à fait populaire dans le pays, où elle assure à une partie importante de la population une occupation qui ne l'enrichit pas, mais qui contribue à la préserver de la misère, et qui procure

---

1. « En France, on ne peut estimer à moins de 4 à 5 francs la journée d'un ouvrier verrier, et à moins de 6 à 10 francs celle d'un ouvrier graveur ; or elles sont payées, en Bohême, de 1 franc à 2 francs au maximum. » Depuis que ces lignes sont écrites, le salaire des ouvriers verriers français a été augmenté. A. S.

en même temps un revenu à ses grands propriétaires par l'emploi de leur bois[1].

« Ces nombreux établissements, placés généralement au milieu des forêts, d'une construction toute rustique, produisent de la verrerie courante, des pièces destinées à être très-ouvragées ou richement gravées, et des verres de couleurs qui sont décorés de dorures et de peintures. Une longue expérience de la fabrication des verres colorés a rendu ces ouvriers d'autant plus habiles dans cette partie, qu'ils sont dirigés au besoin par les conseils de quelques hommes instruits qui se sont fait une profession de la recherche et de la vente des procédés et des perfectionnements de la verrerie, et que quelques riches seigneurs avancent, quand il le faut, les capitaux nécessaires pour assurer le succès des usines établies sur leurs propriétés.

« La taille et la lustrerie constituent des industries spéciales montées dans des baraques, sur de petits cours d'eau, avec des roues faites avec la plus grande simplicité.

« La gravure, la dorure et la peinture forment également des industries séparées, qui sont toutes exercées avec la même parcimonie dans les prix de main-d'œuvre.

« Enfin tous ces produits sont recueillis par des maisons de commerce, qui les expédient sur les lieux de consommation.

« Il est difficile de comparer ces produits aux nôtres dans les articles courants. La matière n'est pas la même. Son verre est pur, blanc, léger, agréable à la main. Il n'a pas le brillant de notre cristal, et il est exposé à jaunir avec le temps. La Bohême a conservé ses formes,

---

1. Le même résultat a eu lieu en France. (Voir le chapitre des *Gentilshommes verriers*.)

qui diffèrent complétement des nôtres[1], et qui sont appréciées par certains consommateurs, peut-être parce
qu'elles sont étrangères, à tel point que nous sommes
quelquefois obligés de les imiter.

« Sa fabrication est celle qui s'éloigne le plus de la
fabrication des autres nations. Pour faciliter et abréger
le travail des fours, elle fait rogner par la roue du tailleur
les bords de ses gobelets, de ses verres à pied et autres
pièces ouvertes que l'Angleterre, la Belgique et la France
font rogner par le ciseau du verrier ; et sa grande habitude en ce genre de travail a fait acquérir à ses ouvriers
une habileté qu'on ne retrouve chez aucun autre peuple
dans la production des pièces à calotte, c'est-à-dire des
pièces dont la partie supérieure doit être enlevée par le
tailleur, au lieu d'être ouverte par le verrier. Ces bords
rognés par la taille sont moins arrondis, moins agréables à l'usage, et plus exposés à être ébréchés que ceux
qui sont rognés au feu ; mais ils ont un aspect plus net
et plus satisfaisant à l'œil : la pièce est plus unie, l'ouvrier étant dispensé du soin qu'il est obligé de prendre
pour éviter de la rayer en l'ouvrant avec ses pinces. La
majorité des consommateurs préfèrent nos bords ; on
s'habitue cependant facilement à ceux de la Bohême, qui
ne sont pas un obstacle à l'écoulement de ses produits.
Mais le grand avantage des fabricants de cette contrée,
c'est le bas prix de leur verre..

« Pour les articles de fantaisie et les verres colorés, il
y a, dans les produits de la Bohême, une originalité qui
n'est pas toujours d'accord avec le bon goût, mais qui est
appréciée et recherchée par les consommateurs, précisément parce qu'elle diffère essentiellement de ce qu'on
fait en France. C'est la Bohême qui a donné naissance à

1. « Certaines verreries imitent dans les formes et les moulures du
cristal la fabrication de Bohême, tels que l'établissement de Valerys-
thal et quelques verreries de Lorraine. »

cette nature de produits, qui est plus en rapport avec le
goût allemand qu'avec le goût français ; elle a sur nous
le droit d'ancienneté, droit si précieux et si puissant en
industrie.

« Les produits de ce pays sont moins soignés que
les nôtres dans les détails ; les objets défectueux sont
mis en vente comme les autres ; les bouchages des flacons et autres pièces analogues sont faits avec une négli-
gence qui ne serait pas tolérée en France. Avec ces défauts, qui feraient repousser nos articles, et qui sont
acceptés comme inhérents à l'article de Bohême, ces produits ont un brillant, un aspect de richesse et un style
original qui séduisent d'autant plus qu'ils sont en même
temps à des prix relativement très-modérés.

« Bien que nous vendions à l'étranger des cristaux
colorés, en concurrence avec la Bohême, et que les qualités particulières à notre fabrication y soient estimées,
si nos frontières étaient ouvertes aux verreries de ce
pays, il en entrerait inévitablement des quantités consi-
dérables ; peut-être ce goût s'éteindrait-il d'ici à quelques années, et nous rendrait-on la préférence que nous
nous efforçons de mériter, mais jusque-là nous en éprou-
verions un préjudice notable. »

Puisque nous sommes en train de visiter, bien en
courant sans doute, les pays étrangers, n'arrivons pas
en France sans dire un mot des verreries belges et an-
glaises. Un auteur anonyme, mais très-compétent dans
la matière, se chargera de la Belgique ; nous laisserons
MM. Chance frères, de Birmingham, nous parler de
l'Angleterre[1].

1. *Extrait de l'enquête du traité de commerce avec l'Angleterre,*
1861, Imprimerie impériale, p. 551, 596.

VERRERIE BELGE

Toutefois, avant d'arriver à la fabrication moderne, qu'il nous soit permis de rappeler les efforts faits par la Belgique et les Flandres, pour ressusciter l'art antique.

C'est à Bruxelles même, et dès 1553, que nous voyons à l'œuvre Josué Hennesol; en 1623, un Italien, Anthoine Miotti, fonde un nouvel établissement; Henri et Léonard Bonhomme apparaissent en 1658, et délivrent ainsi le pays du tribut payé à l'étranger.

A Anvers, ce grand centre intellectuel, Philippe de Gridolphi obtint en 1599 des priviléges pour une fabrique de verrerie et il laisse son établissement à Ferrante Morron. De nouveaux priviléges sont accordés en 1642 à Jean Savonetti, et en 1553 à Francesco Savonetti, son frère sans doute; Ambrosio de Mongarda et Van Lemens, celui-ci enfant du pays, complètent cette pléïade dont les travaux passent aux yeux de tous pour originaires de Venise. Pourtant, antérieurement à la publication des lumineux travaux de M. Hondoy, nous avions pu reconnaître, par comparaison de style avec les anciennes faïences, certaines coupes de verre fin, à anses élégantes, pour être de fabrication belge. Aujourd'hui nous n'hésiterions pas à restituer ces admirables travaux à Ferrante Morron, d'Anvers.

La Belgique tenait d'ailleurs à s'affranchir complétement, et elle s'empressa d'accorder un privilége au comte de Lallaing pour la fabrication des miroirs.

Le terrain était donc largement préparé pour le progrès, et l'on ne s'étonnera pas en lisant ce qui va suivre.

« L'organisation et les conditions des cristalleries belges se rapprochent beaucoup plus que toutes autres de celles des cristalleries françaises.

« Cette industrie est pratiquée en Belgique dans des établissements montés sur une grande échelle.

« Baccarat était lui-même originairement une colonie d'une cristallerie belge qui, à l'époque de la séparation de ce pays, en 1815, a dû fonder une succursale en France pour conserver sa clientèle française.

« Le principal avantage de position des cristalleries belges consiste en ce qu'elles sont placées sur les houillères de ce pays, rivales des houillères d'Angleterre, et en ce qu'elles trouvent, sur leur propre sol, des plombs extraits de leur mines, qui ne supportent, comme leurs houilles, ni transports ni droits d'entrée.

« Elles sont surtout à craindre par une fabrication dite de demi-cristal, qui n'est pas usitée en France, et dans laquelle elles imitent toutes les formes de nos cristaux courants à des prix qui se rapprochent beaucoup de ceux du verre.

« C'est un genre de production, intermédiaire entre le cristal proprement dit et le verre, dans lequel elles sont fort habiles, et qui leur permet de faire d'importantes affaires d'exportation en se substituant au cristal.

« La Belgique imite beaucoup les formes françaises dans les cristaux courants, et les offre à des prix très-inférieurs en demi-cristal. C'est ordinairement moins bien exécuté que le cristal français. Le système adopté en Belgique est de faire très-vite pour faire à très-bon marché; et c'est sous ce rapport qu'elle est redoutable pour la cristallerie française. »

VERRERIE ANGLAISE

L'organisation de l'industrie des cristaux en Angleterre est complétement différente de celle des cristalleries françaises, et se rapproche beaucoup plus de celle de nos verreries communes.

« La gobeletterie en verre n'est pas dans les usages anciens. Les ménages les plus pauvres comme les maisons les plus riches ne se servent que de cristal; l'équivalent de notre fabrication de verre commun se fait avec cette matière.

« Il existe, dans ce pays, environ quatre-vingt cristalleries renfermant de cent à cent vingt fours, et mettant dans le commerce une valeur d'au moins quarante millions de cristal. La consommation intérieure n'absorbe pas la moitié de cette valeur; le reste est destiné à l'exportation, et préparé en raison des besoins et des usages de chacun des peuples chez lesquels l'Angleterre a formé ses nombreux comptoirs.

« La plupart de ces établissements sont montés fort simplement, comme beaucoup de nos verreries communes, avec peu de capitaux et peu de frais généraux. Ils achètent leurs matières premières toutes préparées dans des fabriques spéciales, qui ne s'occupent que de cette manipulation, et pour lesquelles le grand nombre des petites cristalleries forme une clientèle importante.

« Un maître réunit quelques ouvriers; il est quelquefois lui-même son premier ouvrier : il construit un four près des houillères inépuisables de Newcastle ou de Birmingham; il achète des matières premières à crédit, commande quelques moules s'il veut faire de la moulure, et fait le cristal courant presque sans autres frais que le prix d'œuvre.

« Si des cristaux doivent être taillés, il les vend à des entrepreneurs qui font de la taille une industrie séparée : ses cristaux destinés à l'exportation sont vendus à des maisons puissamment organisées pour le commerce à l'étranger. Chaque fabrique, en raison de ses dimensions restreintes, comparées à l'importance de ce commerce en Angleterre, peut ainsi se renfermer dans un genre particulier de fabrication, y acquérir une grande habileté, et être toujours assurée d'en trouver le débouché.

« Cette organisation n'offre pas au producteur de grandes chances de bénéfices, mais elle le met à même de produire à des prix très-bas, dont la concurrence intérieure et le besoin de vendre ne lui permettent pas de conserver l'avantage.

« Il y a en Angleterre des fabriques de cristaux plus importantes et plus complètes, particulièrement celles qui se livrent à la production des cristaux de luxe proprement dits, dans lesquels elles ont conquis une supériorité incontestable ; mais la cristallerie anglaise est au moins aussi redoutable par ses petites fabriques que par ses grands établissements. »

Nous allions clore l'article relatif à l'Angleterre, lorsque M. J. Labarte qui, par ses consciencieux travaux, élargit incessamment le cercle des connaissances, nous apprit que le verre, qui manquait pendant tout le moyen âge en Angleterre, y avait été introduit par un certain Cornelius de Lannoy, appelé à Londres par la reine Élisabeth ; il fabriqua le premier quelques ouvrages en verre. Suivant le même savant et M. Jules Houdoy, ce serait en 1567 que Jean Quarre, originaire d'Anvers, accompagné d'ouvriers de son pays, établit une seconde manufacture dans le genre de celles qui existaient déjà en France.

VERRERIE FRANÇAISE

Nous avons dit précédemment que les Romains avaient établi de nombreuses verreries dans les Gaules ; sans examiner s'il ne conviendrait pas d'affirmer que le verre se fût déjà fabriqué dans nos contrées antérieurement à la conquête, c'est admettre une respectable antiquité que de dater de Jules César.

On a dit qu'en général, les objets en grand nombre trouvés dans les tombeaux appartenaient à un art secondaire et indiquaient une industrie peu développée. C'est là un reproche qu'on pourrait étendre à toutes les sépultures, où, certes, les pièces remarquables sont toujours fort rares.

Pour répondre à ce reproche, rappelons les trouvailles faites dans le Poitou et décrites par M. Benjamin Fillon, notamment la coupe de verre jaune ornée de combats de gladiateurs; rappelons encore le vase de Strasbourg, qu'on n'a nulle raison de croire apporté de loin pour être enfoui dans une tombe ignorée.

Néanmoins, du quatrième au sixième siècle, l'art perdit beaucoup de son activité, et ce sont encore les cimetières mérovingiens du Poitou qui vont nous fournir la preuve de son réveil; une coupe à reliefs portant le nom d'Eutichia, des verres blancs à filets de couleur et autres pièces assez remarquables montreront l'état de l'industrie vers la dernière moitié du sixième siècle et le commencement du septième.

Mais antérieurement déjà nous trouvons une application du verre qui nous intéresse particulièrement, car elle établit un lien entre les traditions purement gauloise et l'art inspiré des Romains. Chacun a vu les armes et joyaux trouvés dans le tombeau de Childéric Ier, mort en 481 : ils sont ornés de petites tables de verre rouge imitant le grenat et formant mosaïque, dans des alvéoles d'or. Une pratique semblable se conservera dans l'orfévrerie jusqu'à l'époque de saint Louis.

Revenons au sixième siècle pour citer une lettre écrite à la reine Radegonde, femme de Clotaire Ier, par Fortunat, alors évêque de Poitiers; nous y trouverons la preuve de l'usage des objets en verre sur la table des grands. Voici comment il décrit le repas auquel il a assisté : « Chaque sorte de mets fut servie dans une matière différente : les viandes dans des plats d'argent ; les légumes, sur des plats de marbre ; la volaille, sur des *plats de verre;* le fruit, dans des corbeilles peintes, et le lait dans des poteries noires en forme de marmite. » Tout en reconnaissant que ce menu ne peut, quant au luxe et à la profusion des plats, être comparé à celui de certains repas officiels dont les journaux nous offrent trop souvent la liste, on conviendra cependant que nos ancêtres connaissaient et pratiquaient déjà le luxe de la table.

Malgré ce document, qui semblerait annoncer l'usage courant de la verrerie, les monuments contemporains sont assez rares. Au neuvième siècle, on ne cite guère que des fragments d'une aiguière trouvée dans un tombeau de pierre à Mervent, en Poitou. A partir du onzième siècle, les noms de verriers se révèlent pourtant ; pour la peinture, c'est Fulco ; pour la fabrication, c'est Robert, établi en 1088 à Maillezais.

En 1207 Willelmur Giraud et Simon le Joui travaillent à la Roche ; Guillaume Gaudin, aux Moustiers en 1249. En 1331, c'est à Aulnay André Batgé dit Calot. Philippe IV de Valois établit une verrerie près de Bezu, en Normandie où Philippe Cacqueray fut anobli pour avoir *inventé* des plats de verre. Le roi Jean créa d'autres établissements à Rousieux et à Héliot près de Dieppe.

Un privilége accordé en 1333 par Humbert, dauphin de Viennois, à un certain Guionnet, verrier, qui devait exploiter son industrie sur les terres mêmes du dauphin, a cela d'intéressant que non-seulement il donne le nom de tous les objets en verre alors en usage, mais encore qu'il nous montre que monseigneur le dauphin de Viennois n'octroyait pas gratis ses faveurs :

« Le dauphin abandonne à Guionnet une partie de la forêt de Chambarant pour y établir une verrerie, à condition que celui-ci lui fournira *tous les ans*, pour sa maison, cent douzaines de verres en forme de cloches, douze douzaines de petits verres évasés, vingt douzaines de hanaps ou coupes à pied, douze amphores, trente-six douzaines d'urinals, douze grandes écuelles, six plats, six plats sans bord, douze pots, douze aiguillières, cinq petits vaisseaux nommés gottelfes[1], une douzaine de salières, vingt douzaines de lampes, six douzaine de chandeliers, une douzaine de larges tasses, une douzaine de petits barils, et enfin six grandes bottes pour transporter le vin. »

Total, pour monseigneur, deux mille quatre cent trente-cinq objets tous les ans !

Reprenons maintenant la liste chronologique que nous avons interrompue, et fermons le quatorzième siècle par le nom de Philippon Bertrand, verrier au parc de Monchamp en 1399.

Voici, en 1442, Colin Bonjeu, Pierre Musset et Catherine Chauvigne, au Bichat ; en 1445, Colin Ferré, à la Bouleur ; en 1456, Jehan Bertrand, Pierre Maigret et Lucas Rillet, à la Roche-sur-Yon ; en 1468, Philippon et Jehan Boyssière, à la Puye ; en 1846, Jacques et Jean Bertrand, au Rorteau.

Le roi René employa cent florins à acheter des verres *moult bien variolés et bien peints* pour les envoyer à Louis XI ; ils venaient de la verrerie de Goult.

Au seizième siècle nous trouvons, en 1507, Geoffroy Poussart, à la Motte ; en 1543, Maurice Gazeau, Jacob Morisson et François Gaudin, à la verrerie neuve ; vers 1550, Teseo Mutio est établi à Saint-Germain-en-Laye par Henri II ; en 1562, François Galliot s'établit à la Puye ; en 1572, un verrier de Murano, Fabiano Salviati,

---

1. Les gottelfes étaient des vases destinés à verser goutte à goutte les liqueurs précieuses. (Ducange, *Glossaire*, t. III, p, 544.)

fabrique à l'Argentière; enfin Henri IV établit à Rouen Thomas Bartholus et Vincent Busson venus de Mantoue, ainsi qu'un autre verrier, François de Garsonnet.

Nous n'irons pas plus loin, car les dix-septième et dix-huitième siècles augmenteraient outre mesure cette nomenclature déjà considérable; contentons-nous de faire voir la variété des travaux entrepris par nos industriels en rappelant qu'ils ont été jusqu'à ressusciter ces joujoux en verre que nous trouvons souvent dans les tombeaux romains ou gallo-romains : en feuilletant l'inventaire sommaire des archives départementales antérieures à 1790[1], nous avons relevé ceci : « 1542, à Florent Bongart, verrier, la somme de neuf livres tournois pour son payement d'*un petit ménage de verre*, qu'il a vendu à Henri, dauphin de Viennois, pour mademoiselle Diane, sa fille naturelle. »

Il ne nous resterait plus qu'à renvoyer le lecteur aux pages suivantes pour y trouver l'origine et le mode de fabrication des principaux objets dus à l'art du verrier, mais il est encore un point historique sur lequel nous appelons son attention : c'est la signification du nom de gentilhomme verrier.

LES GENTILSHOMMES VERRIERS

Pour bien faire connaître cette question, il faudrait en quelque sorte remonter à l'origine des sociétés et faire voir par quelles considérations politiques ou purement économiques les chefs d'États furent amenés à la création de priviléges pour les individus ou pour certaines corporations.

---

[1]. Département de Seine-et-Marne, série E, titres de familles, E, 57 carton).

Si l'intérêt de tous semblait exiger que quelques-uns fussent exonérés des charges communes, il était naturel que l'exemption cessât au moment où la cause du privilége disparaissait elle-même.

De là les erreurs et les divergences d'opinions de beaucoup d'écrivains touchant les gentilshommes verriers. Il faut ajouter encore que quelques auteurs, concluant du particulier au général, ont raisonné à faux parce qu'ils s'appuyaient sur des documents locaux. Lorsqu'il s'agit de la France ancienne, c'est là un tort grave; des localités voisines, mais appartenant à des divisions territoriales distinctes, subissaient parfois une législation fort différente.

Ce qui paraît démontré, c'est qu'aux premiers temps de l'établissement des industries verrières sur notre sol, on chercha les encouragements jusque dans les mesures les plus exceptionnelles et les priviléges les plus étendus : Théodose, au livre II de son Code, avait déjà gratifié les verriers des exemptions et immunités attachées aux charges de l'empire (Voy. *de Privilegiis artificum*). Aussi, vers la fin du treizième siècle, quelques verriers de la Champagne, se disant gentilshommes, demandent-ils à Philippe le Bel, roi de France et comte de cette province, des priviléges analogues à ceux concédés par Théodose. Les verriers des autres provinces réclamèrent à leur tour des rois, ses successeurs, des faveurs analogues. Elles furent accordées pour le mérite de l'art en lui-même et peut-être aussi pour porter les gentilshommes peu fortunés à s'adonner à cette industrie libérale.

En Lorraine, un charté de 1448 est des plus explicites; il accorde aux verriers les priviléges qui appartenaient à *gens nobles, extraits de noble lignée*[1]; le duc Jean les

---

1. Beaupré, *les Gentilshommes verriers*. Nancy, 1847.

assimile dans les termes les plus formels aux nobles
d'origine, et ce n'est point un octroi résultant de ses
lettres patentes; leur état de noblesse est un fait antérieur dont il reconnaît et proclame l'existence.

Toutefois la qualification de *gentilshommes verriers*,
appliquée à ces artisans, semblait devoir les faire distinguer de la noblesse de race et même des familles ro-
turières d'origine que l'épée ou la robe avaient anoblies;
c'était une classe particulière parmi les autres nobles,
qui affectaient de les dédaigner. C'est à ce sentiment
qu'est due l'épigramme, d'un goût douteux, adressée
par Maynard au poëte Saint-Amand, dont les ancêtres
étaient verriers :

> Votre noblesse est mince,
> Car ce n'est pas d'un prince,
> Daphnis, que vous sortez.
> Gentilhomme de verre,
> Si vous tombez à terre,
> Adieu vos qualités.

Mais les progrès de l'industrie, la divulgation des secrets d'un art longtemps pratiqué par un petit nombre
d'adeptes, devaient changer la face des choses. Les priviléges, en se répandant, diminuaient les ressources publiques et retombaient de tout leur poids sur la masse
taillable et corvéable. Vers la fin du seizième siècle, on
songea donc à revenir aux anciens principes sur le fait
de la noblesse; on vérifia les parchemins, et tous ceux
qui ne purent exhiber que des titres de concession do-
maniale furent considérés comme exposition irrégulière.
La querelle portée devant les tribunaux donna lieu aux
argumentations les plus singulières. Les verriers rappe-
lèrent que Théodose les avait exemptés de la plupart des
charges de l'État; on leur répondit que les gentilshommes de Champagne avaient demandé à Philippe le Bel
des lettres de dispense pour exercer la verrerie et que

les verriers d'autres provinces de France en avaient sollicité et obtenu de semblables : ce qu'assurément ils n'auraient pas fait, si cet art eût anobli, et s'il eût supposé la noblesse. On décida enfin que la profession de verrier ne conférait aucun droit à la noblesse, mais qu'elle n'y dérogeait pas.

Cette doctrine, confirmée par lettres de Henri IV, fit règle pour l'avenir. On ne tint désormais pour nobles que ceux qui étaient de noble extraction ou qui descendaient des anciens verriers, lesquels continuèrent à jouir des priviléges attachés à la noblesse, non pas *parce qu'ils étaient verriers*, mais *quoique verriers*.

La nouvelle jurisprudence ne ralentit en rien l'empressement de la noblesse à se lancer dans l'industrie verrière ; en 1744, François de Bigot de Claire-Bois établit une usine à Rouanne ; en 1752, la comtesse de Béthune élève une verrerie à bouteilles sur sa terre d'Apremont, en Nivernais ; M. le duc de Montmorency fait confirmer, en 1755, l'établissement de sa terre d'Aigremont, appelé verrerie de la Boudise ; en 1766, Léonard-François-Marie, comte de Morioles et Marie-Gabrielle Renard de Faschemberg, son épouse, demandent à créer une fabrique de verre façon de Bohême sur leur terre de Villefranche en Champagne ; en 1779, autorisation est accordée à M. le marquis de Vogué d'en fonder une dans les bois de la Nocle ; enfin, en 1783, une permission semblable est accordée au marquis de Sauvebœuf.

Nous avons choisi parmi les plus grands noms pour ne pas allonger cette liste outre mesure et pour rétablir la vérité des faits. Maintenant que l'on sait à quoi s'en tenir sur la noblesse verrière, laissons la France et transportons-nous dans les pays d'Orient, où l'art du verre a eu certes une part aussi grande que chez nous dans les emplois utiles et dans les embellissements du luxe.

VERRERIE ORIENTALE

On est habitué à ne s'occuper des ouvrages d'art qu'autant qu'ils appartiennent aux contrées occidentales, et l'on néglige ainsi l'une des sources les plus fécondes des études archéologiques.

Rien n'est plus intéressant, en effet, que les produits des peuples peu connus dont les relations avec l'Europe ont été une cause de civilisation et de progrès. On sait, par exemple, quelle était la puissance de la Porte sous la dynastie des Sassanides, mais la rareté des monuments ne permet pas de déterminer avec exactitude la part que cette dynastie a pu prendre aux développements des arts et l'influence qu'elle a pu avoir sur le progrès des nations voisines.

Trouver un de ces monuments, c'est poser un jalon important sur la route des découvertes historiques; hâtons-nous donc de reproduire ici la description qu'a donnée M. Chabouillet, conservateur du cabinet des médailles, de la merveilleuse coupe faite pour Chosroès Ier, roi de Perse, régnant de 531 à 579 de notre ère.

« Cette coupe transparente se compose d'une sorte d'armature en or massif et de trois rangées circulaires de dix-huit médaillons en cristal de roche et en verre de deux couleurs, servant d'encadrement au sujet principal, qui est un médaillon de cristal de roche rond occupant le fond ou l'*ombilic* sculpté en relief au revers, et paraissant plane dans le bon sens de la cuope; ce médaillon représente Chosroès Ier assis sur un trône dont les pieds sont des chevaux ailés....

« Le bord extrême de la coupe, ainsi que l'encadrement du grand médaillon central, est décoré de dés en verre coloré translucide, imitant le grenat dans des alvéoles régulières. Les dés du bord extrême sont en hauteur; ceux de l'encadrement du médaillon central sont en largeur. Les médaillons des trois rangées circulaires, dont j'ai parlé au commencement de cet article, sont alternativement blancs et violets; les blancs sont en cristal de roche, au revers ils portent un fleuron sculpté au revers comme le médaillon central; les violets sont en verre coulé et portent le même fleuron. Les interstices entre ces médaillons sont remplis par des losanges de verre uni de couleur verte. »

Cette coupe, connue sous le nom de *tasse de Salomon*, faisait partie du trésor de l'abbaye de Saint-Denis, et passait pour avoir été donnée par l'empereur et roi Charles le Chauve. Les parties exécutées en verre prouvent à quelle perfection l'industrie et les procédés étaient parvenus en Perse dès le sixième siècle. Les couleurs du verre teint dans la masse sont si pures et les détails obtenus par moulage si parfaits, que le bénédictin F. J. Doublet, qui en a fait le premier la description, avait pris ces diverses fabrications pour de belles hyacinthes, des grenats et de très-belles émeraudes. On ne s'étonnera donc pas de retrouver plus tard l'industrie verrière avancée chez les Persans convertis à l'islamisme. Cette pièce, avec ses incrustations de verre, forme en quelque sorte le passage de l'art oriental à celui de notre pays. C'est aussi en verre teint que sont ornés les vases sacrés découverts à Gourdon, dans la Côte-d'Or, et les objets recueillis à Tournay dans le tombeau de Childéric Ier.

VERRERIE MUSULMANE

Rien n'est plus remarquable que la persistance des voyageurs à rapprocher d'un type connu d'eux les productions industrielles des pays qu'ils parcourent; Chardin, visitant la *maison du vin* dans le palais des rois à

Ispahan, dit : « Le vin y est la plupart ou en gros flacons de quinze ou seize pintes, ou en bouteilles de deux à trois pintes, à long cou. Ces bouteilles sont de *cristal de Venise*, de diverses façons, à pointes de diamant, à godrons, à réseau. »

Ainsi, en voyant ces verreries merveilleuses, de formes particulières pour la plupart, d'un décor essentiellement national, l'idée ne lui était pas même venue de se demander si la Perse fabriquait le verre ; il connaissait les ouvrages de Murano ; toute verrerie devait venir de là.

Aujourd'hui ces erreurs ne sont plus possibles ; on sait que les verriers de l'Iran ont droit à prendre rang parmi les premiers artistes du monde et que c'est à leur école que se sont formés les ouvriers musulmans qui se sont répandus, avec la conquête, dans l'Égypte, l'Asie Mineure et jusque sur le littoral du Maghreb.

La verrerie de la Perse n'a rien de remarquable dans ses éléments ; la matière n'est pas d'une limpidité complète, et elle est souvent semée de bulles nombreuses ; mais elle est travaillée avec infiniment d'art ; de très-grandes pièces sont d'une minceur extrême, de forme élégante et cherchée ; des coupes couvertes sont irréprochables, des bouteilles à vin d'une proportion et d'un galbe charmants ; les unes ont le corps sphéroïdal surmonté d'un long col ; les autres, véritables flacons, se rapprochent de nos bouteilles par l'ensemble, mais s'en distinguent par les détails ; des bagues en relief enrichissent le col, et l'ouverture est généralement ouverte ou campanulée.

Ce qu'il y a pourtant de plus merveilleux dans ces verreries, c'est le décor où abondent l'or et les émaux. Presque toujours ce sont de délicates bordures arabesques d'un or fin et doux relevé de traits en rouge de fer ; puis des fonds émaillés avec réserves et médaillons où figurent les sujets favoris des Persans, c'est-à-dire des animaux ou des oiseaux de chasse attaquant des lièvres, des antilopes ou des oiseaux palmipèdes. Une grande surahé (bouteille à vin) nous a offert une composition plus intéressante encore, occupant la plus grande partie du corps d'un vase; on y voyait une almé se livrant à la danse; plus loin, un homme accroupi, coiffé du turban, lui présentait une coupe pleine de vin; après venaient d'autres personnages, dont une femme, tenant soit des coupes de vin rouge, soit des bouteilles prêtes à remplir celles qu'on aurait vidées.

Ce magnifique spécimen, empreint, par la facture, la forme et l'usage même, de tous les caractères de la nationalité persane, suffisait à prouver jusqu'à quel point élevé l'art de l'émaillerie sur verre était arrivé en Perse, et quelle était la source véritable des produits analogues de l'Asie Mineure et de l'Égypte.

En effet cette bouteille formait comme la transition entre les vases décrits plus haut et les lampes votives trouvées dans les mosquées de Damas et du Caire.

Celles-ci sont habituellement d'un verre épais, verdâtre et rugueux, mais leur décoration, d'une excessive richesse, brille par l'éclat des émaux, l'abondance de l'or et par ce détail curieux qu'on y trouve souvent des cachets circulaires renfermant des armoiries voisines de celles d'Europe. Un point plus capital encore, c'est que toutes (une seule exception confirmant jusqu'ici la règle) portent des inscriptions indiquant leur date.

La plus ancienne a été lue ainsi par le savant M. Adrien de Longperier : « Honneur à notre seigneur le sultan Malek el Adel el Alem, el Modjahid, que Dieu exalte sa victoire! » Ce personnage, qui se nommait Sandjar-Halébi, était gouverneur de Damas en 1259, lors de l'assassinat du sulthan Koutouz par Béïbars, qui se fit proclamer à sa place. Sandjar-Halébi ne voulut pas reconnaître cette usurpation et se fit lui-même nommer sultan; moins de trois mois après (1260) il était fait prisonnier et conduit en Égypte. Voilà donc un produit certain de l'art du verrier à Damas au treizième siècle.

La seconde en date porte : « Honneur à notre maître le sulthan Malek en Nacer, Nacer Eddin Mohammed. » C'est Mohammed, fils de Kélaoun, qui régnait en Égypte de 1293 à 1341.

La troisième, au nom de Malek en Nacer Hassan, — sultan Mamlouk d'Égypte et de Syrie, qui a régné à deux reprises, d'abord un an et dix-huit mois, de 1348 à 1351, puis six ans et sept mois, de 1354 à 1360, — a cela de remarquable qu'une partie de ses légendes, tirée du Coran, fait allusion à la pièce elle-même. On y lit : « Dieu est la lumière des cieux et de la terre; sa lumière est comme une mischkah contenant une lampe; la lampe.... » L'artiste s'est arrêté ici n'ayant plus de place pour le reste de la surate.

La quatrième, au nom de Abou Saïd Barkouk, de 1382 à 1399, est probablement égyptienne.

La cinquième est particulièrement curieuse; sa facture et sa décoration annoncent une origine persane; en haut et en bas se répètent des armoiries de gueules à la face d'or; les inscriptions formulées en une riche bordure d'or et en une ceinture de grands caractères d'or réservés sur émail bleu, énoncent que la pièce a été consacrée par Argoun Naïb (vicaire) du sultan très-grand. Celui-ci est Timour (Tamerlan) dont le lieutenant Argoun était gouverneur de Samarcande en 1405.

La sixième, ornée de doubles inscriptions en caractères coufiques et arabes, se rapporte à Almouaïad Aboul Naer Scheikh, sultan Mamloukh d'Égypte de 1412 à 1421.

Nous avons dit que beaucoup de ces pièces portaient des armoiries; là c'est la fleur de lis, ici l'aigle aux ailes étendues, ailleurs un mulet chargé. Il semble que, dans leur contact avec les guerriers européens, au moment des croisades, les musulmans aient adopté ce genre d'enseignes pour leurs armes et les effets à leur usage ; on a même pensé que quelques-uns avaient pris pour emblème l'armoirie même d'un adversaire vaincu.

Toutes les lampes de mosquées ne sont pas revêtues d'inscriptions conçues de la même manière ; il en est où le consécrateur se nomme directement ; c'est ainsi que, sur l'une d'elles, on lit qu'elle a été offerte par Cherub Eddin Ahmed el Mihmauder (introducteur des ambassadeurs). Un donateur plus modeste s'intitule, sur une autre : « Le serviteur du sultan Mahmoud el Nedjmi.

On peut considérer ces verreries comme les plus précieux spécimens de l'art arabe du treizième au quinzième siècle ; leur riche ornementation, le soin qu'on a pris de les dater par le nom des souverains régnants, en font des types authentiques du style musulman des époques correspondantes ; on a donc une première base pour asseoir l'histoire d'un art encore bien peu connu et dont l'étude est pourtant du plus haut intérêt au point de vue philosophique.

Après ce que nous venons de dire des riches *ex-voto* des mosquées, est-il nécessaire d'ajouter que les Persans et les Arabes ont fait usage de vases et de fioles en verre teint dans la masse ; il en est de bleus, de rouges, de pourpres, de verts et même d'un blanc opaque imitant la porcelaine et décorés comme celle-ci de bouquets émaillés en bleu vif, où domine la tulipe.

L'Inde musulmane à eu aussi ses verreries émaillées ; leur rareté ne permet pas d'en donner les caractères généraux ; mais sur l'une nous avons trouvé, finement reproduit, ce sujet connu d'un rajah à cheval s'approchant d'une fontaine et recevant à boire de jeunes filles qui viennent puiser l'eau.

Nous avons vu encore des bouquets rappelant la composition et la richesse de ceux qu'on incruste en or et pierres précieuses sur le jade et le cristal de roche.

VERRERIE DE L'EXTRÊME ORIENT

Si les Arabes ont émaillé le verre avec talent, les Chinois et les Japonais l'ont travaillé d'une façon non moins remarquable ; leur préoccupation, on le sait, est d'imiter, dans les ouvrages d'art, les merveilles de la nature ; après avoir cherché les marbres accidentés, les albâtres où le hasard a jeté des paysages montueux, les agates à couches variées, qui permettent de ciseler d'élégants camées ils ont dû s'appliquer à composer des verres offrant l'aspect des pierres veinées ou pouvant se tailler comme les calcédoines et les onyx.

Rien n'est plus fréquent, en effet, que les verres chinois savamment colorés ; il est des coupes dont les teintes nuageuses, les macules capricieuses, font douter, au premier aspect, de la nature véritable de l'objet : certains verres rapportés du palais d'Été ont été longtemps présentés comme des pierres dures.

Le verre à deux couches se fait en Chine avec la plus grande perfection ; on trouve des écrans en grandes feuilles où l'on a pu sculpter des sujets à personnages ; des paysages montueux avec chutes d'eaux, ponts et arbres séculaires. Mais pour voir toute l'habileté des Chinois, il faut parcourir la série nombreuse des petits flacons où ils renferment le tabac. Là se trouvent toutes les couleurs imaginables et les tailles les plus merveilleuses ; tantôt sur un fond blanc laiteux s'étend un camaïeu rouge, bleu, orange, vert ou brun, aux infinis détails, nuancés par les épaisseurs diverses du travail ; tantôt sur le même fond s'enlève une sculpture colorée représentant des fleurs roses avec leurs tiges et leurs feuilles vertes autour desquelles voltigent des insectes. Il est impossible de pousser plus loin l'art de combiner la superposition des verres et d'en tirer parti pour la taille.

Il est assez fréquent encore de rencontrer des fruits, des groupes avec feuillages, modelés en verre de couleur; la pêche emblématique, le cédrat main de fo, la grenade, sont ce que l'on représente le plus souvent.

Quant à la verroterie, on peut dire que les Chinois y ont atteint la perfection; leurs perles de couleurs, leurs imitations de jade impérial et de pierres précieuses, permettent de composer des parures de femmes et des colliers de mandarins de la plus grande élégance.

Nous ne terminerons pas sans parler d'un flacon à tabac en verre foncé, semé du plus délicieux travail à *mille fiori*. Nous n'avons vu, parmi les ouvrages vénitiens, rien qui puisse rivaliser, par la finesse et la grâce, avec cette prodigieuse pièce.

II

DE LA COMPOSITION DU VERRE[1]

M. A. Cochin, membre de l'Institut, dans son excellent ouvrage, intitulé *la Manufacture de Saint-Gobain*[2], a traité la question aride de la composition du verre d'une manière tout à la fois si claire et si concise, que, dans l'intérêt du lecteur, nous croyons devoir transcrire ce qui suit :

« La théorie de la fabrication du verre et des glaces est, comme tous les secrets de la nature, à la fois simple et belle.

« Le Créateur a voulu, dans sa bonté, que ce qui est très-utile fût très-abondant; seulement il lui a plu, pour nous forcer au travail, de couvrir ses dons; à nous de les

1. Chaque espèce particulière de verre ayant sa composition, nous avons cru devoir, afin d'éviter les erreurs, indiquer chacune d'elles au chapitre de l'objet décrit. Ainsi donc, pour savoir quelle est la composition des vitres, des glaces, ou de tous autres objets, on n'aura qu'à se reporter à chacun de ces articles. Le flint-glass et le crown-glass seront traités à l'article Optique.

2. Paris, Douniol, 1866, page 12.

découvrir. Les matières qui servent à la fabrication du verre sont partout; mais à l'état impur et mêlé, comme presque toutes les matières premières.

« La *silice* est l'élément principal de la composition du verre. Avec de la silice on mêle de la potasse ou de la soude et de la chaux pour obtenir le *verre à vitre* et le *verre à glace;* ajoutez de l'oxyde de fer, vous avez le *verre à bouteille;* substituez de l'oxyde de plomb, vous obtenez le *cristal;* remplacez par l'oxyde d'étain, vous produisez l'*émail.* Les bases fusibles, la potasse, la soude, le plomb, unies avec l'acide silicique, produisent des composés également fusibles; les bases infusibles, la chaux, l'alumine, la magnésie, produisent des composés infusibles; mais, uni à des bases fusibles et à des bases infusibles, l'acide silicique forme des silicates multiples qui fondent très-bien. Le verre à glace est précisément un de ces mélanges à trois éléments. Il se compose de silice, de soude et de chaux.

« La silice est partout. Le cristal de roche, le grès, le sable, le caillou, sont de la silice; les cendres des plantes, les eaux des volcans, les sources minérales en contiennent. Le sucre ressemble au verre, et cette apparence ne trompe pas; fondez les cendres de la canne à sucre, vous avez du verre; car elles contiennent, avec la silice, de la potasse et de la chaux.

« Les substances calcaires composent peut-être la moitié de l'enveloppe supérieure de la terre; la chaux est dans nos os, et elle est aussi dans les végétaux, dans la paille du blé, comme dans le squelette de l'homme et dans la matière terrestre; elle est partout, plus répandue encore que la silice.

« La soude se trouve aussi dans la nature, on l'a tirée longtemps de la combustion de certaines plantes marines; elle est produite aujourd'hui très-simplement par des moyens artificiels. La potasse, que l'on peut employer au lieu de la soude, n'est pas moins connue et commune ; elle est dans toutes les cendres.

« Voilà donc la vérité sur tous ces profonds mystères de Murano, de la Bohême et de Saint-Gobain ! Une glace est un objet précieux tiré des matières les plus vulgaires. Que l'on me permette ce résumé qui aide la mémoire : si vous vous regardez dans la glace en vous chauffant les pieds, dites-vous qu'on peut fabriquer la glace qui décore votre cheminée à l'aide de cette cheminée ; les pierres fournissent la silice, les cendres la potasse, le marbre la chaux, et le feu est le seul agent mystérieux nécessaire à la métamorphose. Le verre, disait-on jadis, est le fils du feu. »

Après cette lumineuse introduction, il ne nous reste plus qu'à parler de la composition de chaque verre, de son mode de fusion et du travail qu'elle exige ; mais auparavant nous croyons indispensable de mettre sous les yeux du lecteur un petit vocabulaire des mots les plus usuels employés dans la verrerie ; car, ainsi que toute science et tout art, la verrerie a sa langue technique qu'il faut connaître, sous peine de ne rien comprendre à ses travaux.

VOCABULAIRE

Affinage, voir *Écrémage*.

Canne. — Tube en fer creux. L'une de ses extrémités (celle que le verrier tient dans sa main) est munie d'une garniture en bois. De tous les outils du verrier la canne est sans contredit le plus indispensable ; c'est grâce à son secours qu'on peut obtenir le soufflage, mode employé pour la fabrication de la presque totalité des objets en verre.

Ainsi qu'on peut s'en convaincre en se reportant aux figures (pages 8 et 9) représentant des verriers thébains, son usage remonte à la plus haute antiquité.

La canne mesure de deux à trois mètres de longueur.

Carcaisses. — Fours à recuire les glaces.

Ciseaux. — Ils servent à couper le verre lorsqu'il est encore malléable.

Cuillère. — Il y en a de deux espèces. L'une qui sert à transvaser le verre d'un grand creuset dans d'autres plus petits; l'autre à écrémer le verre en fusion.

Écrémage. — Action d'enlever les corps étrangers qui surnagent sur le verre. Ce travail est quelquefois désigné sous le nom d'affinage.

Fritte. — Par ce mot dont l'objet joue, comme on va le voir, un rôle très-important dans la fusion du verre, on désigne l'opération qui consiste à faire subir aux substances vitreuses une chaleur assez forte non-seulement pour chasser l'humidité et brûler les substances combustibles qui s'y trouvent, mais encore pour leur faire subir un commencement de fusion.

Les creusets contenant la fritte sont ceux qui, placés dans les parties latérales du four (voir planche 10 p. 61), reçoivent une chaleur moins grande que les creusets de fusion posés au centre du foyer.

Gamin. — Nom donné à l'ouvrier qui aide l'ouvrier souffleur.

Groisil. — Produit de la casse et des rognures de magasin.

Halle. — Atelier de fabrication.

Lagre. — Feuille de verre épais, ou plaque en terre réfractaire, sur laquelle on pose le verre lors de l'étendage.

Marbre. — Plaque en fonte ou en fer, sur laquelle le verrier fait la paraison.

Ouvreau. — Nom donné à des espèces de petites fenêtres qui, s'ouvrant et se fermant à volonté, sont placées au-dessus des creusets, afin que l'ouvrier puisse successivement y introduire les matières vitrifiables, et en retirer le verre dont il a besoin.

Palette. — Outil en fer servant à marbrer et arrondir le cueillage du verre.

Paraison. — Opération consistant à tourner et retourner sur le marbre le verre pâteux et adhérent à la canne.

Pelles à rebords, plus ou moins grandes, à l'aide desquelles on jette les matières vitrifiables dans les creusets.

Pontil. — Longue verge en fer plein, qui sert soit à étirer simplement le verre, soit à le torsiner. (Voir *Étirage du verre* et *Verre filigranés.*

Recuite. — Tel est le nom que l'on donne à l'une des opérations les plus importantes de l'industrie verrière, car, sans elle, le verre, étant très-mauvais conducteur du calorique, se briserait au moindre changement de température.

Pour obvier à cet inconvénient, on dépose chacune des pièces terminées, et alors qu'elles sont encore rouges, dans un four spécial où on les laisse se refroidir lentement. Suivant M. Péligot, « c'est à un recuit insuffisant qu'il faut attribuer la casse si fréquente des verres de lampes, surtout quand on les emploie pour la première fois. »

Puisque nous parlons de la casse, ne nous arrêtons pas avant d'avoir signalé une erreur qui attribue au persil la faculté de casser le verre. Ce conte n'a certainement pu être inventé que par quelque cuisinière rejetant sa maladresse sur la plante inoffensive. Le persil ne casse que le verre qu'on laisse tomber à terre.

Ringard. — Instrument en fer avec partie supérieure en bois, servant à remuer la fritte et la matière vitreuse des creusets.

Maintenant que nous savons quelles sont les matières dont on fait le verre, que nous connaissons la signification des mots techniques employés par les verriers, nous n'avons plus qu'à pénétrer dans leur vaste atelier, qu'ils désignent sous le nom de *halle*.

DES FOURS

En entrant dans la halle, la première chose qui frappe nos regards, c'est la réunion de plusieurs bâtisses affectant la forme soit circulaire, soit rectangulaire.

Ce sont les fours servant à la fois à la fritte et à la fusion.

Devant produire une température s'élevant de 1,000 à

Fig. 10. — Coupe d'un four à verrerie.

1,500 degrés, ces fours sont entièrement construits en briques réfractaires, composées d'une argile qui ne fond pas et d'un ciment obtenu par la pulvérisation d'anciens creusets fabriqués eux-mêmes de cette même argile, qu'en France on tire généralement de Forges-les-Eaux (Seine-Inférieure).

Chaque four contient de huit à dix creusets, qui, placés sur une banquette, se trouvent ainsi entourés par la flamme.

Les besoins de la fabrication exigeant un moyen de communication constant entre l'ouvrier et les creusets, on pratique au four, et en face de chaque creuset, une ou-

verture qui, désignée sous le nom d'*ouvreau*, permet
non-seulement de charger les creusets, de surveiller la
fusion des matières premières, mais encore d'y puiser
le verre.

Il est à remarquer que le feu des fours du verrier ne
s'éteint jamais; un creuset est-il vide, on s'empresse d'y
introduire par l'ouvreau de nouvelles matières vitrifiables, de telle sorte que la fabrication ne cesse que lorsque
le four est tellement détérioré qu'on est forcé d'en construire un nouveau. Un four ne dure qu'un ou deux ans
au plus.

Depuis quelque temps on commence à substituer,
comme moyen de chauffage, le gaz à la houille.

DES CREUSETS

La matière première dont sont faits les creusets étant
la même que celle des briques du four, nous n'avons à
nous occuper que de leur fabrication.

« Les creusets qui servent à fondre le verre, dit le sa-

Fig. 11. — Creusets.

vant M. A. Péligot[1], ont une forme et une dimension
variables. Ils sont ronds, ovales ou rectangulaires. Pour

1. *Douze leçons sur l'art de la verrerie.*

le cristal fait à la houille, ils sont couverts et présentent la forme d'une cornue à col très-étroit; leur hauteur varie entre 0^m,50 et 1 mètre. Quand ils sont cuits, leur parois latérales ont 0^m,05 à 0^m,07 d'épaisseur; le fond 0^m,10. Les grands creusets contiennent ordinairement 500 à 600 kilogrammes de verre fondu.

« Après être resté pendant quatre à huit mois dans une pièce chauffée de 30 à 40 degrés, ils subissent une seconde épreuve qui consiste à supporter, pendant plusieurs semaines, et cela sans se fendre ni se vitrifier, une température excédant de beaucoup 1,000 à 1,500 degrés de chaleur.

« La durée de chacun de ces creusets est de un, deux, et rarement trois mois. »

Mentionnons ici que les creusets, devant offrir une très-grande régularité de forme, sont faits soit à la main, soit au moule.

III

VITRES

HISTORIQUE

L'usage du verre employé à garantir l'intérieur des habitations de l'intempérie des saisons remonte-t-il à une époque antique, ou bien, comme beaucoup de personnes le pensent encore aujourd'hui, est-il d'invention relativement moderne? Malgré les paroles assez ambiguës du reste, relevées dans la relation que le juif Philon fait de son ambassade vers Caligula, paroles qui font allusion à l'usage des vitres; malgré Sénèque, qui assure dans sa quatre-vingt-dixième lettre que le verre fut inventé de son temps, l'opinion des savants modernes était à peu près unanime encore, au siècle dernier, pour repousser l'origine antique des vitres; la question allait être abandonnée, lorsque tout à coup elle se réveilla plus vive que jamais à la voix de Winckelmann[1] qui venait plaider la

---

1. Jean-Joachim Winckelmann, un des plus célèbres antiquaires des temps modernes, était fils unique d'un pauvre cordonnier de Steindalt (Brandebourg), et naquit dans cette ville le 9 décembre 1717. Assassiné à Trieste par François Arcangeli, qui expia son crime le 20 juin 1768, Winckelmann rendit le dernier soupir le 8 du même

cause des anciens. Si les opposants étaient nombreux, le nouvel athlète était certes de force à leur tenir tête, aussi les débats furent longs, l'érudition très-développée de part et d'autre, et cependant la question allait, comme tant d'autres, tomber faute de preuves, sans avoir fait un pas, lorsqu'une découverte inattendue apporta le témoignage désiré; dans les fouilles faites à Pompéi on avait trouvé des vitres attenant encore à leurs châssis en bronze; elles reposaient ensevelies sous les cendres depuis plus de dix siècles.

L'architecte Mazois, dans son remarquable ouvrage *les Ruines de Pompéi*, nous apprend que ces vitres posées dans les rainures des châssis mesuraient $0^m,50$ de largeur sur $0^m,72$ de hauteur et que leur épaisseur était de 5 à 6 millimètres.

Les dimensions étant connues et afin qu'on puisse se faire une idée juste de la qualité du verre pompéien, nous allons placer sous les yeux du lecteur le résultat de l'analyse chimique qui en a été faite par M. Claudet; en regard de ce travail nous donnerons la formule dont on se sert aujourd'hui. Par ce rapprochement, et tout en tenant compte de la marche ascendante de la science, on verra à quel point l'art de la verrerie était arrivé dans l'antiquité [1].

	ANALYSE du verre pompéien, par M. Claudet.	FORMULE pour le verre à vitres actuel, par M. Péligot.
Silice.	69.43	69.06
Chaux.	7.24	13.04
Soude.	17.31	15.2
Alumine.	5.55	1.8
Oxyde de fer. . . .	1.15	
— de manganèse. .	0.39	
— de cuivre. . . .	Traces.	
	99.07	100 »

mois. Il laissa plusieurs ouvrages très-remarquables, parmi lesquels nous citerons l'*Histoire de l'art*.

1. De ce que nous disons des vitres trouvées à Pompéi, il ne faudrait

Il est donc reconnu aujourd'hui que l'usage des vitres existait sous les Romains; il y a plus, l'histoire nous a livré les noms de Venustus, verrier de la maison de l'empereur Claude, et de C. Pomponius Apollonius, qui fabriquait des disques pour la décoration des édifices particuliers.

Croirait-on qu'une aussi utile application du verre, qui faisait succéder la clarté aux ténèbres, qui, tout en laissant entrer à volonté dans les maisons les rayons régénérateurs du soleil, et abritant encore les habitants des frimas de l'hiver, doublait pour ainsi dire la vie en doublant la durée du jour, ait jamais pu être oubliée? Cela fut cependant, car pendant bien des siècles les vitres disparaissent et sont remplacées par des volets en bois plein, par des pierres spéculaires tamisant un jour blafard, par des peaux et enfin par du papier huilé.

Pour retrouver la première mention des vitres employées à clore, non les maisons d'habitation, mais seulement les étroites fenêtres des églises, il faut arriver au quatrième siècle de notre ère, car le plus ancien auteur sacré qui en parle est Lactance[1] disant « .... notre âme voit et distingue les objets par les yeux du corps comme par des fenêtres garnies de verre », et encore il ne faudrait pas s'imaginer que ce fussent des vitres telles que nous les connaissons aujourd'hui; celles dont parle l'auteur n'étaient que de très-petites pièces rondes, peu transparentes, qu'on désignait sous le nom de *cives*. Quant aux habitations, l'usage des vitrages formés par la réunion de petits morceaux de verre enchâssés dans des bandes de plomb ne remonte pas au delà du quator-

certes pas conclure qu'à cette époque reculée les fenêtres de toutes les habitations étaient vitrées; la rareté des vitres trouvées dans les ruines tendrait plutôt à prouver le contraire.

1. Lactance, né en Afrique au milieu du troisième siècle, mourut à Trèves en 325.

zième siècle, et encore était-ce chose tellement rare que les fenêtres des palais mêmes n'en étaient pas toutes garnies.

Dans le compte de Jean Avin, receveur général de l'Auvergne, nous lisons :

« Pour la venue de madame la duchesse de Berry (1413), pour aller à Montpensier, faire faire certains chassitz aux fenaistrages dudit chastel, pour les ansire (clore) de toiles cirées par défault de verrerie. »

Voici un autre exemple. Il s'agit de la cour si brillante et si luxueuse des ducs de Bourgogne pour le palais desquels on commande en 1467 « vingt pièces de bois à faire cassiz (châssis) de voirrieres de papier, servant aux fenestres des chambres. »

Si ces deux citations témoignent de l'absence du verre, même dans les habitations princières au quinzième siècle, nous allons mettre sous les yeux du lecteur la preuve de sa rareté et du prix qu'on y attachait un siècle encore plus tard.

Dans le règlement daté de 1567, fait par l'intendant du duc de Northumberland, nous trouvons :

« Et parce que, dans les grands vents, les vitres de ce château et des autres châteaux de monseigneur se détériorent et se perdent, il serait bon que toutes les vitres de chaque fenêtre fussent démontées et mises en sûreté lorsque Sa Seigneurie part ; et si, à quelque moment, Sa Seigneurie ou d'autres séjournent à aucun desdits endroits, on pourrait les remettre, sans qu'il en coûtât beaucoup, tandis qu'à présent le dégât serait très-coûteux et demanderait de grandes réparations. »

Puisque nous sommes en Angleterre, n'oublions pas de mentionner que, pour l'objet qui nous occupe, elle fut longtemps tributaire de la France. Ici c'est Saint Bède, supérieur du monastère de Jarrow, qui tire de France les vitres de son église, et là c'est James Wilfrid qui nous demande des vitres et des vitriers pour clore les fenêtres de la cathédrale d'York. L'usage des vitres, qui fut pendant plusieurs siècles exclusivement réservé aux églises, était encore tellement limité en Angleterre, au seizième et au dix-septième siècle, qu'en Écosse, les palais n'avaient de vitres qu'au principal étage.

Pour dernière preuve démontrant combien l'usage général des vitres est moderne, il nous suffira de dire qu'à la fin du dix-huitième siècle, il n'y a pas encore cent ans! il existait, non-seulement dans les petites villes de province, mais à Paris même, une corporation de châssissiers, dont la profession consistait à garnir les fenêtres, non de verre, mais seulement de morceaux de papier huilé.

De là, sans doute, le vieux proverbe français : « L'abbaye est pauvre, les vitres ne sont que de papier. »

Maintenant que nous connaissons l'antiquité du verre, nous n'avons plus qu'à nous occuper de la fabrication en elle-même.

COMPOSITION, FONTE ET SOUFFLAGE DU VERRE A VITRES

Tout porte à croire que les verres à vitre furent fabriqués simultanément, et cela jusqu'au dix-huitième siècle, de deux manières différentes : la première, sous le nom de *verres à vitre soufflés en manchon*, vient de ce qu'avant d'avoir reçu la forme d'un cylindre, le verre est préalablement soufflé dans un moule en forme de manchon ; l'autre, sous celui de *verre à vitre soufflé en couronne ou en planteau*, est bien plus rudimentaire. Le soufflage en cylindre étant aujourd'hui le mode généralement employé, non-seulement pour la fabrication des vitres, mais encore pour une infinité d'autres objets, nous appelons toute l'attention du lecteur sur ce chapitre.

VERRE A VITRES EN CYLINDRE

Le verre à vitre se compose de :

Sable.	100	parties.
Charbon en poudre mêlé de sulfate.	1 à 2	—
Carbonate de chaux.	25 à 35	—
Manganèse.	0.5	
Arsenic.	0.5	

La composition ainsi donnée par M. Bontemps, il ne nous reste plus qu'à entrer dans la halle et à voir travailler, car les fours sont chauffés et les verriers à leur place.

La première opération se nomme *fritte*. Elle a pour but, non-seulement de faire sécher dans des creusets les divers éléments du verre, en leur enlevant toute humidité, et de consumer les substances hétérogènes qui peuvent s'y trouver mêlées, mais encore de leur faire subir une première fusion.

La fritte terminée, la matière est retirée du premier creuset, et versée dans d'autres qui, placés au centre du four, sont chauffés au rouge blanc, pour produire une fonte parfaite; ils y restent vingt-quatre heures environ[1], c'est-à-dire jusqu'au moment où cette matière a atteint une consistance pâteuse produite par l'abaissement successif du feu.

La fonte terminée, il ne reste plus que l'opération du soufflage, auquel nous allons tâcher de faire assister le lecteur.

Devant le creuset sont placés deux hommes : l'*ouvrier* et le *gamin*.

Si la signification du mot *ouvrier* est assez connue

---

1. Le point de la fonte se connaît au moyen d'*anneaux flotteurs* qui, de même matière que les creusets, n'apparaissent à la surface du verre que lorsque la fonte est opérée.

pour que nous n'en disions rien, il n'en est pas ainsi de l'appellation de *gamin*. Nous pensons donc devoir en donner ici l'explication. L'origine s'en trouve dans un pacte tacite, mais très-religieusement observé, par lequel les anciens ouvriers verriers, voulant monopoliser l'industrie au profit de leur famille, s'étaient engagés à ne prendre jamais pour apprentis que leurs enfants, qu'ils faisaient entrer à l'atelier dès qu'ils avaient atteint l'âge de huit à dix ans.

Quelque âge qu'il eût atteint, le fils d'ouvrier ne cessait d'être gamin que le jour où il devenait ouvrier lui-même.

Il n'y a pas plus d'une vingtaine d'années que l'industrie verrière est ouverte à qui veut y entrer.

Les attributions du gamin, qui a mission d'ébaucher le travail, consistent à cueillir dans le creuset, au moyen de la canne, une certaine quantité de matière en fusion ; à la parer (tourner et retourner) sur une table soit en marbre, soit en fer, soit en fonte (voy. fig. 20, p. 111) ; à l'arrondir par un mouvement lent et circulaire ; puis enfin à la réchauffer à l'ouvreau.

Ces quatre opérations terminées, le rôle du gamin cesse et celui de l'ouvrier commence.

Voici en quels termes M. Péligot décrit le travail de l'ouvrier verrier :

« L'ouvrier souffle légèrement d'abord, en étirant un peu la masse vitreuse de manière à lui donner la forme d'une poire (fig. 12, n° 1) ; il balance sa canne (n° 2), puis il la relève de manière à ramasser le verre (n° 3) ; il souffle plus fortement, à plusieurs reprises, et lui imprime un mouvement de va-et-vient, comme celui d'un battant de cloche, de manière à allonger la poire, qui prend une forme cylindrique ; il la relève vivement au-dessus de sa tête, puis lui fait subir un mouvement complet et rapide de rotation, dans le but de l'allonger (n° 4), tout en lui donnant une épaisseur égale dans toutes ses parties.

« Quand le cylindre est fait, le souffleur reporte la pièce

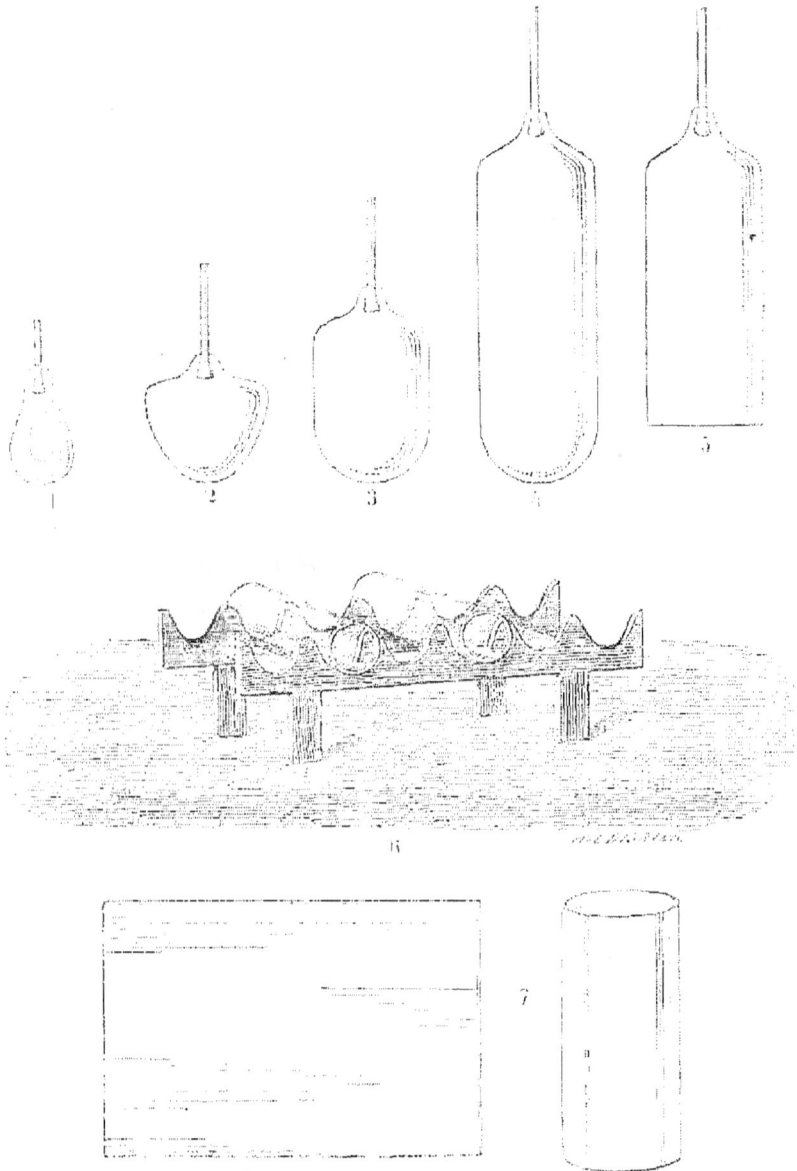

Fig. 12. — Soufflage des vitres.

à l'ouvreau, de manière à en bien ramollir le bout; quand il est suffisamment chaud, il est percé avec une pointe de fer. Par le mouvement de balancement, l'ouverture s'agrandit ; on pare la pièce avec une sorte de planche en bois ; les bords s'écartent, et la calotte qui terminait le cylindre se trouve effacée (n° 5).

« Le cylindre, devenu rigide, est posé sur un chevalet en bois (n° 6). On touche avec une tige de fer froid le nez de la canne ; celle-ci se détache aussitôt de la pièce de verre dont la calotte est enlevée, en enroulant un fil de verre très-chaud, et en touchant la partie ainsi chauffée avec un fer froid. On a donc sur le chevalet un manchon ouvert des deux bouts. On le fend dans la longueur (n° 7) en promenant dans son intérieur, sur la même arête, une tige de fer rougie ; un des points chauffés étant mouillé avec le doigt, le verre éclate. On arrive au même résultat en se servant d'un diamant attaché à un long manche qu'on guide à l'intérieur du manchon en suivant une règle en bois. Ce mode d'opérer donne une cassure plus droite, et par suite produit moins de déchet. »

De ce cylindre fendu perpendiculairement, il s'agit d'obtenir une surface tout à fait plane. Pour arriver à ce résultat, chaque cylindre est placé sur une feuille de verre épais reposant sur une plaque de terre réfractaire, et le tout est porté dans un four qui, chauffé au rouge sombre, est désigné sous le nom de four à étendre. Aidant le travail naturel de la chaleur, qui tend à affaisser les cylindres, un ouvrier, armé d'une longue perche de bois, fait sur chacun d'eux une première et légère pression : à cette perche succède un rabot en bois, et enfin le polissoir qui, légèrement promené sur la surface, achève de lui donner la planimétrie convenable. Depuis quelques années ce mode d'aplatissage a été abandonné dans plusieurs verreries, pour un système de four à étendre à pierres tournantes qui, par leur mouvement, remplacent le travail de l'homme.

Tous les cylindres étant devenus feuilles de verre, on ferme hermétiquement le four, où elles restent plusieurs jours, jusqu'à ce que, suffisamment recuites, elles puissent être livrées au commerce.

VERRE A VITRES EN COURONNE

La composition et la fonte du verre soufflé en couronne ou en plateau étant les mêmes que celles du verre en cylindre, nous n'avons à nous occuper ici que du procédé de soufflage que nous empruntons à M. Debette. (*Dictionnaire des arts et manufactures.*)

« Dès qu'il a rassemblé la quantité de verre convenable, l'ouvrier la réchauffe en l'introduisant dans le four par l'embrasure placée au-dessus du pot de verrerie ; puis il souffle cette masse et en forme peu à peu une sphère volumineuse ; il réchauffe celle-ci en soutenant la canne sur un crochet de fer qui fait saillie en dehors, et lui imprime un mouvement continuel de rotation pour empêcher la pièce de verre de fléchir et de s'affaisser d'un côté ou de l'autre.

« Il aplatit ensuite le côté opposé au bout de la canne, soude une autre canne et coupe le col du sphéroïde vers le bout de la première canne. On dilate alors l'ouverture de ce col au moyen d'une planche qu'un aide introduit dans l'orifice et qu'il appuie contre les parois, tandis que l'ouvrier fait tourner la pièce et produit de la sorte un cône tronqué semblable à une cloche à melons. Il réchauffe ensuite fortement la pièce, puis, plaçant la canne horizontalement sur une barre de fer, il lui imprime un mouvement de rotation très-rapide. En vertu de la force centrifuge, la cloche s'étend et s'aplatit de manière à donner une table ronde et d'une épaisseur assez égale jusqu'à une certaine distance du centre. Quand l'opération est terminée, l'ouvrier porte la feuille de verre, en continuant de tourner, sur une aire plate en cendres chaudes, l'y dépose horizontalement, et par un léger choc la détache de la canne; un aide la reprend à l'aide d'une fourche et la place dans le four à recuire dans une position verticale. »

D'après cette description que la seule figure pourrait au besoin expliquer, on comprendra que ces verres à vitres, qui n'étaient pris que dans la partie circulaire de la couronne ayant à son centre un noyau très-épais et assez large, ne pouvaient fournir de vitres ayant plus de 39 centimètres sur 31. Aussi est-ce à cette exiguïté qu'il faut attribuer l'abandon de ce genre de fabrication dont les produits, ne répondant plus aux besoins de l'époque,

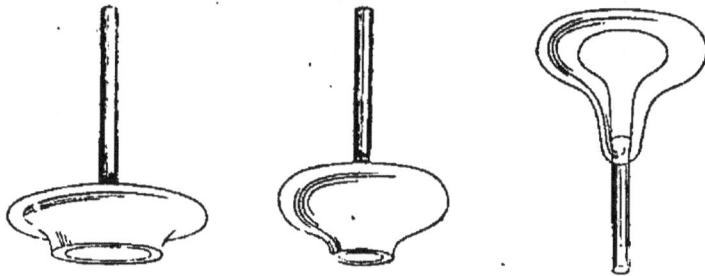

Fig. 13.

obligeaient la France à s'approvisionner à l'étranger. Ce tribut payé à l'industrie étrangère dura jusqu'au commencement du dix-huitième siècle, époque à laquelle Drolinvaux, militaire français qui avait été frappé de la supériorité des vitres qu'on fabriquait en Bohême au moyen du soufflage en cylindre, fonda la verrerie de Saint-Quérin qu'on peut regarder comme la souche de toutes les verreries qui depuis se sont livrées à la fabrication des verres à vitre en cylindre. Cette fabrication, du reste, se trouve décrite, dès le douzième siècle, dans l'ouvrage du moine Théophile, intitulé : *Diversarum artium schedula.*

VERRES A VITRES CANNELÉS.

La composition et la fabrication des verres cannelés,

généralement employés aujourd'hui à éclairer une pièce sans que de l'extérieur on puisse voir ce qui s'y passe, sont les mêmes que pour les vitres ordinaires. La seule différence est qu'au lieu d'être soufflés à l'air libre, les verres cannelés le sont dans un cylindre en fonte qui portant à l'intérieur des rainures de un centimètre de profondeur, les imprime en relief sur le verre. Pour obtenir ce résultat, l'ouvrier ayant soufflé sa boule de verre de telle sorte qu'elle puisse entrer dans le cylindre, donne assez d'air pour que, par la pression de son souffle, elle prenne les cannelures du moule. Il la retire vivement et souffle en allongeant afin que la cannelure s'étende en ligne droite sur le manchon.

Inutile de dire que, quoique les dessins du cylindre puissent varier à la volonté du verrier, le mode de fabrication est toujours le même. (Voir au Verre dépoli.)

IV

MIROIRS ET GLACES

L'usage des miroirs, abstraction faite de la matière, et considérés simplement comme rendant, par réflexion, l'image de l'objet qu'on leur présente, remonte au berceau du monde, car, si nous voulions en croire Milton[1], ce serait Ève qui la première en fit usage.

> J'aime à me rappeler ce mémorable jour,
> Ce jour qui commença ma vie et mon amour.
> Je dormais sur des fleurs; tout à coup je m'éveille,
> De mon être inconnu j'admire la merveille;
> J'ignore d'où je viens, qui je suis, dans quels lieux!
> J'écoute les objets que regardent mes yeux;
> J'entends dans une grotte une onde murmurante :
> Elle sort, se déploie en nappe transparente;
> Je regarde, et du jour, dans son sein répété,
> Mon œil se plaît à voir la brillante clarté.
> De ces bords enchanteurs, sur cette plaine humide,
> Je hasarde un regard ignorant et timide :
> O prodige! mon œil y retrouve les cieux.
> Une image flottante y vient frapper mes yeux;

1. *Le Paradis perdu*. Traduction de J. Delille, liv. IV.

Pour mieux l'examiner, sur elle je m'incline ;
Et l'image, à son tour, s'avance et m'examine.
Je tressaille et recule : à l'instant je la voi
S'effrayer, tressaillir, reculer comme moi.
Je ne sais quel attrait me ramène vers elle :
Vers moi, même penchant aussitôt la rappelle !
Enchantés de la voir, mes yeux cherchent les siens ;
Enchantés de me voir, ses yeux cherchent les miens ;
Et peut-être en ces lieux ma crédule tendresse
Admirerait encor sa forme enchanteresse,
Si me désabusant de sa fausse amitié,
Du fond de ce bocage une voix n'eût crié :
« Ève, que prétends-tu ? cette image est toi-même ;
Une ombre ici te plaît ; c'est une ombre qui t'aime ;
Elle vient, elle fuit, et revient avec toi.
Sors de l'illusion. .· . . . . »

Si, au nom d'Ève, nous ajoutons celui du beau Narcisse qui, par amour de soi-même, se noya dans son miroir, et enfin celui de Mahomet qui se mirait dans un seau d'eau, nous aurons, sans doute, cité les trois partisans les plus illustres du miroir naturel.

Comme il n'était pas toujours facile d'avoir avec soi une nappe d'eau transparente, on dut chercher à la remplacer par quelque chose de plus portatif ; ce fut alors que, la coquetterie aidant, on inventa, à une époque qu'on ne peut pas indiquer, même approximativement, les miroirs de métal poli dont l'usage se trouve cité pour la première fois dans les livres saints. « Moïse fit encore le bassin d'airain ainsi que sa base avec les miroirs des femmes qui passaient la nuit à la porte du tabernacle. » (Exode, chap. XXXVIII, vers, 8.)

On remarquera dans la forme des miroirs égyptiens trois types, qui d'Égypte passèrent en Grèce et à Rome. Suivant Plutarque (*Vie de Numa*), « c'était à l'aide d'un miroir convexe de métal, que les Vestales rallumaient le feu sacré. » Avant d'être arrivés à ce degré de perfection, ces miroirs avaient dû être précédés d'essais rudimentaires : en effet les premiers miroirs de métal, sans ornementation aucune, ont généralement la forme d'un œuf

Fig. 14. Miroirs égyptiens.

tranché en deux, et dont la face de la coupe seule est polie.

Si ces miroirs avaient l'avantage d'être plus portatifs que ceux d'Ève, de Narcisse et de Mahomet, ils avaient le désagrément, non-seulement d'être d'une grande lourdeur, mais encore de déformer les traits. On leur substitua les miroirs d'obsidienne qui, comme le dit Pline,

« est une pierre noire, quelquefois transparente, mais d'une transparence mate, de sorte que, attachée comme miroir, elle rend plutôt l'ombre que l'image des objets. »

Tout en reconnaissant que du temps de cet auteur on se servait encore de miroirs soit de métal, soit d'obsidienne, soit même de pierre spéculaire, faut-il, aveuglément et sans critique, adopter l'opinion généralement admise que les miroirs en verre sont d'invention moderne, les anciens ignorant le procédé de l'étamage qui seul, comme on sait, peut faire d'un morceau de verre un miroir?

Essayons de rendre encore aux anciens cette invention qui, toute défectueuse qu'elle pouvait être alors, n'en est pas moins l'idée première que l'industrie moderne, aidée de la science, a amenée au point de perfection où elle est aujourd'hui.

Pline parle en plusieurs endroits des miroirs. Après avoir écrit ces lignes charmantes : « La découverte des miroirs appartient à ceux qui les premiers ont aperçu leur image dans les yeux de leurs semblables », il aborde la question sous le point de vue historique, et il ne laisse aucun doute sur l'usage des miroirs, car, après avoir énuméré les divers moyens de fabrication du verre et constaté que de son temps, et même bien avant lui, les verriers, « tantôt soufflaient le verre, tantôt le façonnaient au tour, tantôt le ciselaient comme l'argent », il ajoute : « Jadis Sidon était célèbre pour ses verreries, on y avait même inventé des miroirs de verre[1]. »

Ces mots *miroirs de verre* impliquant naturellement l'idée d'un verre reflétant une image, ne faut-il pas forcément reconnaître que les anciens possédaient alors une espèce d'étamage que nous ne connaissons pas, et qui, différent du nôtre ou identique, avait la faculté de constituer un miroir.

---

1. Liv. XXXVI, chap. LXVI.

Aristote, antérieur comme on sait de près de quatre siècles à Pline, est le premier qui éclaire la question : il dit : « Si les métaux et les cailloux doivent être polis pour servir de miroir, le verre et le cristal ont besoin d'être doublés d'une feuille de métal pour rendre l'image qu'on leur présente. »

En effet, qu'on applique un verre incolore sur une plaque opaque, ne fût-ce même que sur un morceau de marbre noir, ou sur une ardoise, et on aura aussitôt un miroir, beaucoup moins limpide certainement que ceux qui ornent aujourd'hui nos appartements, mais qui ne reproduira pas moins, non-seulement la silhouette de l'objet, mais encore ses diverses couleurs.

Si, au texte d'Aristote, nous ajoutons, par la pensée, les améliorations que l'idée du philosophe a nécessairement dû suggérer aux verriers de son temps, rien ne nous empêchera plus d'admettre que les miroirs en verre, loin d'être, comme on le dit, une invention moderne, remontent à une époque excessivement reculée.

Pourtant il faut traverser bien des siècles et des révolutions sans nombre avant de retrouver l'application de l'idée d'Aristote.

Suivant Lazari[1], ce ne fut qu'au quatorzième siècle que les Vénitiens eurent l'idée de remplacer les miroirs de métal poli par des miroirs de verre, au revers desquels ils plaçaient une feuille métallique. Vincenzo Roder fut l'auteur de cette innovation; mais soit que la routine la repoussât, soit que le résultat obtenu n'eût pas immédiatement atteint le but qu'on espérait, on l'abandonna, et les miroirs en métal redevinrent à la mode jusqu'au moment où deux Muranéziens, Andrea et Domenico d'Anzolo dal Gallo, qui connaissaient, ou qui peut-être avaient découvert, de leur côté, le mode de travail employé en Alle-

1. *Notizia delle opere d'arte e d'antichità della raccolta Correr.* Venezia, 1859.

magne et en Flandre, adressèrent (1503) au conseil des
Dix une supplique dans laquelle ils lui exposaient « que,
possédant le secret de faire de bons et parfaits miroirs de
verre cristallin, chose précieuse et singulière, et inconnue du monde entier, si l'on excepte une verrerie d'Allemagne qui, associée à une maison flamande, exerçait le
monopole de cette fabrication et écoulait ses produits du
levant au couchant à des prix excessifs, et désirant mettre
Murano à même d'établir une concurrence qui ne pouvait qu'être profitable à la république, ils demandaient
qu'on voulût bien leur donner un privilége exclusif
dans tout le territoire de la république pendant vingt-
cinq ans. »

Ce privilége, promettant de nouveaux profits à la république, fut accordé pour vingt ans.

Le succès de l'entreprise dépassa les espérances qu'on
avait pu concevoir; aussi, à peine les vingt ans du privilége furent-ils expirés qu'il y eut un grand empresse-
sement à embrasser cette nouvelle carrière. Le nombre
des miroitiers devint si considérable qu'en 1564 la république fut obligée de les séparer des autres verriers, et
d'établir pour eux une confrérie particulière.

Ne pouvant citer ici les noms de tous ceux qui firent
faire des progrès à la miroiterie, qu'il nous suffise de
donner une mention à Liberale Motta, lequel vers 1680,
suivant Lazari, « la perfectionna, et fit des miroirs d'une
grandeur jusque-là impossible à atteindre ».

Avant de passer outre, nous croyons indispensable de
répondre à une question qui nous a été très-souvent adressée. Pourquoi les miroirs des quinzième et seizième siècles, fabriqués soit à Venise, soit à Nuremberg, soit en
France, sont-ils toujours d'une petite dimension?

Qu'on veuille bien se rappeler le mode de fabrication
des vitres qui, taillées dans des cylindres soufflés par la
force de l'homme, ne peuvent jamais atteindre qu'une di-

mension assez restreinte, et on aura notre réponse; vitres
et miroirs ont été produits, pendant bien des années par
le même moyen primitif. Il était réservé, ainsi qu'on le
verra bientôt, à l'industrie française moderne d'inventer
un nouveau mode de fabrication qui, connu sous le nom
de *coulage*, permet de produire des glaces d'une grandeur pour ainsi dire arbitraire.

Au surplus, ce serait une singulière erreur de croire
que les artistes de cette merveilleuse Italie, au moment
de cette explosion de génie qu'on nomme la Renaissance,
pussent attacher du prix à l'étendue plus ou moins grande
d'une feuille de verre; pour eux, qui ne cherchaient qu'un
motif ou même un prétexte pour faire éclore un chef-
d'œuvre, le miroir était ce motif; l'œuvre véritable consistait dans l'entourage ou encadrement, quelle qu'en fût
la matière; et qu'on n'aille pas penser que nous exagé-
rons; en ouvrant les mémoires écrits par Benvenuto Cellini,
on y trouvera la description d'un ouvrage qu'il a qualifié
de merveilleux et qui avait été exécuté par son père pour
Laurent de Médicis, mort en 1492. C'était un miroir peu
remarquable pour l'époque, puisqu'il ne mesurait qu'une
brasse (0ᵐ,70 environ) de diamètre, le *merveilleux* se
trouvait dans l'ornementation du cadre qui représentait
une roue dont la glace formait le moyeu. A l'entour
étaient sept disques dans chacun desquels une des sept
principales vertus était représentée enchâssée en ébène
et en ivoire. En tournant la roue, les vitres se mouvaient
et se trouvaient en équilibre au moyen d'un contre-poids
placé au pied.

Des encadrements aussi compliqués et aussi somptueux
paraîtraient exagérés à notre siècle, où le cadre doré plus
ou moins surchargé est le *nec plus ultra* de l'élégance.
Les inventaires des ducs de Bourgogne, de Louis de
France, duc d'Anjou, de Charles-Quint, de Marguerite
d'Autriche, etc., prouveraient au besoin que le mi-

Fig. 15. — Miroir de Marie de Médicis. (Musée du Louvre.)

roir cité par Cellini n'était pas, une exception. Ils prouveraient la distance qui sépare notre prétendu luxe d'aujourd'hui, pris même dans les classes les plus élevées, de
celui qui était en usage dans le palais des seigneurs des
quinzième et seizième siècles.

De toutes ces magnificences royales et princières, que
reste-t-il aujourd'hui ? — une froide et sèche description.
Quant aux objets eux-mêmes, les creusets du marchand
d'or pourraient seuls dire ce qui en a été détruit depuis
des siècles.

Malgré l'immense destruction faite pendant cette longue période, de rares spécimens ont pu arriver jusqu'à
nous ; l'un d'eux, placé sous les yeux du lecteur, lui mon-
trera ce qu'était encore le luxe au commencement du dix-
septième siècle.

Nous voulons parler du miroir de la reine Marie de
Médicis, exposé dans le musée du Louvre (fig. 15). La
description que nous en donnons, prise dans le catalogue
de ce musée, sera complétée par l'estimation qui en fut
faite en 1791 et qui est consignée dans l'inventaire des
diamants de la couronne imprimé en 1791 par ordre de
l'Assemblée nationale.

N° 102 du catalogue. — « Il est de cristal de roche, et
ce sont des agates qui, taillées en cabochons et enchâs-
sées dans un réseau d'or émaillé, forment autour de la
glace un cadre qui en dessine la forme rectangulaire.

« Ce premier cadre est renfermé dans un petit monument dont tous les détails sont composés de matières
précieuses ; le fronton est en sardoine onyx, les deux colonnes qui le supportent sont de jaspe oriental ; la base
très-décorée d'émaux découpés en relief, et les piédes-
taux des colonnes, qui sont en saillie sur cette base dont
ils continuent les profils, sont revêtus de plaques de sardoine. Des pierres fines de la plus belle eau brillent aux
places les plus apparentes du monument : particulière-

ment trois grandes émeraudes; l'une d'elles, posée au milieu du fronton, est encadrée dans les détails délicats d'une monture d'orfévrerie que décorent des émaux, qu'enrichissent des diamants et des rubis; les deux autres, placées sur les arrière-piédestaux du soubassement, supportent des têtes ou petits bustes, casquées, représentant un guerrier et une amazone : le visage et le col sont taillés dans la gemme ressemblant au grenat, que les joailliers nomment hyacinthe; les casques et la draperie qui entoure la poitrine sont d'or, émaillés, enrichis de diamants. Des émeraudes, de plus petites proportions, serrées l'une contre l'autre, sertissent en les encadrant deux pierres gravées : l'une d'elles, qui s'élève au sommet du petit monument, est une magnifique sardoine onyx, à trois couches, gravure antique, tête de victoire; elle est ailée, et une couronne de laurier se voit dans les ondulations de la chevelure; l'autre pierre est une agate onyx, à trois couches, gravée à la fin du seizième siècle; c'est une tête de femme, vue de profil, drapée, ayant un voile qui descend de la tête sur l'épaule, et portant sur le front le croissant de Diane. Ce sont encore des émeraudes qui, réunis trois à trois, décorent la frise de l'entablement, alternant avec douze petites têtes finement drapées sur pierre dure, du seizième siècle et qui sont les portraits des Césars. »

L'estimation qui en fut faite en 1791 est de cent cinquante mille livres.

Cent cinquante mille livres répondant seulement à la valeur intrinsèque et vénale, fixée à une époque de crise sociale et d'indifférence pour les objets de curiosité, qu'on y ajoute aujourd'hui la valeur artistique, l'intérêt de la provenance, la rareté, on comprendra quel peut être le prix prodigieux d'une telle merveille!

N'oublions pas toutefois qu'il s'agit ici d'un cadeau de la république de Venise à la femme d'un souverain et

Fig. 46. — Miroir italien, bordure de bois sculpté. (Musée du Louvre.)

que le haut prix était une des conditions exigées pour que l'offrande fût digne de la destinataire.

Revenons donc aux choses normales et cherchons encore dans les précieuses suites du Louvre un exemple de ce que pouvait être le miroir chez les gens de goût disposés à attacher plus de valeur au mérite artistique d'un ouvrage qu'à la matière même.

Ici nous retournons au commencement du seizième siècle, et, bien que les miroirs de verre fussent en usage, nous voyons encore une de ces plaques en métal poli dont se servirent les anciens. Cette plaque (fig. 16) est dans un cadre en bois sculpté accoté de deux élégantes figures, surmonté d'entrelacs avec masque et génies, et soutenu par un cartouche supporté par des cariatides et orné au centre d'un masque cornu s'ajustant dans un pendentif.

Rien, comme on le voit, de plus simple, de plus éloigné du somptueux miroir de Marie de Médicis. Eh bien cependant, nous n'hésitons pas à mettre en parallèle les deux ouvrages ; si le miroir royal a pour lui la richesse de la matière, l'autre brille par le mérite que le génie de l'homme donne à tout ce qu'il touche ; c'est à ce titre que nous le présentons au lecteur comme un des plus précieux spécimens de la renaissance italienne.

Quoiqu'il nous tarde d'arriver à une époque plus récente, nous devons, à peine d'être accusé d'omission, dire ici un mot de trois autres espèces différentes de miroirs, dont deux spécialement ont joué pendant longtemps un rôle très-important, tant comme objets de mode que comme objets d'art ; nous voulons parler

Des conseillers muets dont se servent les dames,
Miroirs dans les logis, miroirs chez les marchands,
Miroirs aux poches des galants,
Miroirs aux ceintures des femmes.

que cite La Fontaine dans sa Fable de l'*Homme et son image.*

Ces miroirs portatifs étaient de deux formes différentes : les uns à manches, les autres presque ronds et de petite dimension.

Nous dirons peu de choses sur la forme de ces miroirs à main que les femmes portent à leur ceinture, car ce serait répéter presque littéralement ce que nous avons dit des miroirs égyptiens (page 69), les premiers n'étant pour ainsi dire qu'une réduction des seconds.

En effet, les uns et les autres, presque toujours de métal poli et gravé, ne diffèrent que par le système de décoration propre à chacune de ces époques. En Égypte, leur ornementation est sévère ; en France, elle s'inspire de l'esprit gaulois du seizième siècle, non-seulement en offrant des sujets assez souvent libres, mais plus encore dans les légendes qui les accompagnent.

Un miroir vénitien du seizième siècle, qui n'a que 0^m,10 de hauteur sur 0^m,05 de large, est en métal damasquiné d'or et d'argent, et en forme d'X. Sur l'un des côtés est la plaque métallique polie et de l'autre *un Amour les yeux bandés et tenant un arc.* La figurine du dieu est entourée d'une légende, peu neuve, mais souvent, hélas ! trop vraie : AMOR DVCITVR EX OCVLI LVMINE CECVS (*l'Amour aveugle est conduit par la lumière de l'œil*).

Les miroirs ronds, d'une dimension assez restreinte, qu'ils fussent de métal ou de verre étamé, étaient enclavés dans une boîte ronde, généralement en ivoire, plate, s'ouvrant en deux parties égales, et que nous ne pouvons mieux comparer qu'aux tabatières rondes dont se servaient nos pères (fig. 18).

Le miroir intérieur n'étant pour nous d'aucun intérêt artistique, nous ne nous occuperons que de la boîte.

Beaucoup de collections possèdent des valves séparées

Fig. 17. — Miroir à boîte d'ivoire, partie extérieure.

soit de dessus, soit de dessous ; mais un miroir complet est chose si difficile à trouver que, pendant trente ans de recherches, l'infatigable Sauvageot ne put jamais en trouver qu'un seul, celui que nous mettons sous les yeux du lecteur.

Si les costumes des personnages ne suffisaient pour dater ce miroir du milieu du quinzième siècle, les sujets

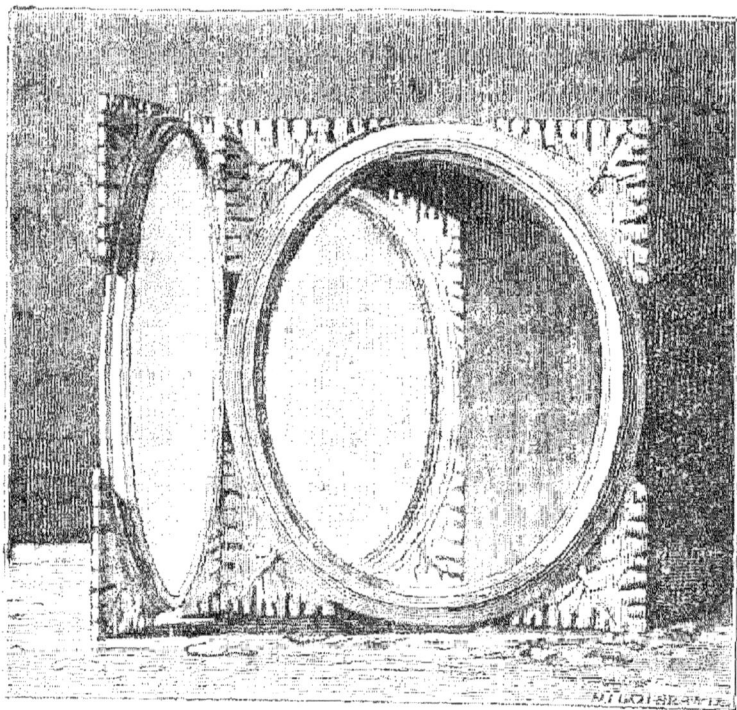

Fig. 18. — Miroir à boîte d'ivoire, partie intérieure.

représentés sur les deux valves y suppléeraient assez. En effet l'un nous montre l'attaque du château d'Amour, et l'autre un combat à la lance de deux chevaliers au pied d'une tour (fig. 17). Quant à l'intérieur, on en voit la disposition fig. 18.

Les deux sujets extérieurs sont, à n'en pas douter, tirés de quelque roman de chevalerie de l'époque.

GLACES DE VERRE ÉTAMÉ

AVEC ENCADREMENT DE VERRE SOIT INCOLORE ÉTAMÉ, SOIT DE VERRE
DE COULEUR

Il nous faut dire un mot de ces glaces vénitiennes qui, reléguées pendant longtemps dans les garde-meubles, après avoir trôné dans les palais, reviennent à la mode, grâce au revirement artistique qui porte la génération actuelle à rechercher non-seulement les objets originaux des époques anciennes, mais encore leur imitation. Nous voulons parler de ces glaces de verre étamé dont le cadre est formé de morceaux d'autres verres soit étamés comme la glace elle-même, soit de couleur.

Les glaces originales du seizième siècle, très-rares aujourd'hui, ne peuvent supporter la comparaison avec celles faites de nos jours; nous croyons devoir mettre sous les yeux du lecteur (fig. 19) une glace qui certes, par sa destination, devait être réputée parfaite; c'est celle que possède le musée de Cluny, et qui, dit-on, fut offerte par la république de Venise à Henri III, lors de son retour de Pologne.

Elle a le mérite d'être peut-être la plus grande qu'on ait pu obtenir par le moyen du soufflage, mais elle laisse considérablement à désirer sous le rapport de la pureté, couverte qu'elle est de bulles et de stries. Pour l'honneur des verriers vénitiens, nous devons dire que ces défauts, pour ainsi dire inconnus de nos jours, étaient inévitables dans le mode de soufflage alors en usage.

La bordure de verre de couleur et de verre blanc taillé en biseau est décorée de palmettes. Chacune d'elles est fixée sur la bordure au moyen de vis à tête.

Maintenant que nous avons cité les principales formes de miroirs, et que nous avons donné la raison de leur petite dimension, voyons par quel moyen la France parvint, après bien des efforts infructueux, à s'exonérer

Fig. 19. — Miroir de Henri III. (Musée de Cluny.)

du tribut qu'elle payait à Venise, qui, protégée par la mode, avait conquis le monopole de la miroiterie.

Cette mode était telle que, dans son virelay sur l'*excès où l'on porte toute chose*, Régnier Desmarets nous dit:

> Dans leurs cabinets enchantés
> L'étoffe ne trouve plus place ;
> Tous les murs des quatre côtés
> En sont de glaces incrustés.
> Chaque côté n'est qu'une glace.
> Pour voir partout leur bonne grâce,
> Partout elles (les femmes) veulent avoir
> La perspective d'un miroir.

Ce luxe, du reste, n'était encore qu'une mode renouvelée des Romains. Sénèque (*Epistol.* 86) nous apprend que, de son temps, « celui-là s'estime bien pauvre dont la chambre n'est pas tapissée de plaques de verre. »

Ne pouvant tolérer plus longtemps un tribut aussi humiliant pour nos miroiteries que ruineux pour le pays (l'importation était estimée à plus de cent mille écus par an, somme énorme pour l'époque), Louis XIV, ou plutôt Colbert, revint aux idées de Henri II (1551), de Henri IV et de Louis XIII (1634), et résolut de porter un coup mortel à l'importation en fondant à Paris une grande manufacture de glaces, genre de Venise.

Pour arriver à ce résultat, il fallait commencer par ravir à la très-prudente et très-soupçonneuse république le secret dont elle entourait tous ses travaux.

Deux moyens pouvaient conduire à ce but:

La force ou la ruse.

Colbert, préférant le second moyen, écrivit (1664) à François de Bonzi, évêque de Béziers, alors ambassadeur de France près la république de Venise, d'avoir non-seulement à dérober le secret de la fabrication, mais encore à embaucher secrètement des verriers vénitiens pour la France.

Cet ordre, très-facile à donner de Versailles, était, comme on va le voir, beaucoup plus difficile à exécuter à Venise. L'ambassadeur, après avoir sans doute sondé le terrain, répondait au ministre « que, pour lui envoyer des ouvriers, il court le risque d'être jeté à la mer. »

Un tel danger menaçant un ambassadeur de la cour de France eût peut-être dissuadé tout autre que Colbert; mais, soit qu'il taxât de chimériques les craintes de l'évêque, soit qu'il les reconnût réelles, mais sans inconvénient pour lui-même, il signifia de nouveau à Bonzi d'avoir à ne pas perdre de vue l'ordre qu'il lui avait précédemment donné.

Ainsi que Colbert l'avait sans doute pensé, la crainte de lui déplaire l'emporta sur celle d'être jeté à la mer, et peu de temps après (1665), à force d'adresse, d'argent et de promesses, dix-huit ouvriers, fuyant leur pays, arrivaient à Paris.

Il n'en fallait pas plus pour former le noyau d'une verrerie. Colbert organisa de suite une société qui, placée sous la direction de Nicolas Du Noyer, receveur général à Orléans, ouvrit en 1665, dans le faubourg Saint-Antoine, sur l'emplacement qu'occupe aujourd'hui la caserne de Reuilly[1], un établissement, sous le titre de *Manufacture des glaces de miroirs par des ouvriers de Venise*.

Ainsi que toutes les grandes industries naissantes, celle qui nous occupe, bien que patronnée par un ministre tout-puissant, eut à traverser de rudes épreuves; les ouvriers vénitiens, mécontents, accusaient la cour de France de ne pas tenir à leur égard les promesses qui leur avaient été faites.

Que ce reproche fût ou non motivé, il n'en est pas

---

1. L'établissement de la rue de Reuilly fut vendu en 1852, au ministère de la guerre, au prix de 450,000 francs.

moins vrai que le désarroi se mit promptement dans la manufacture, moins peut-être par le départ furtif de plusieurs ouvriers que par le mauvais vouloir de ceux qui, engagés pour faire des élèves, ne semblaient rester qu'afin d'entraver les travaux qui leur étaient confiés.

La grande idée de Colbert était donc en péril, lorsqu'un hasard aussi heureux qu'inattendu lui vint en aide. En effet, dès 1673, le ministre se trouva en mesure d'écrire à M. de Saint-André, ambassadeur à Venise, qui lui offrait des miroitiers de Murano : « La manufacture est assez bien établie dans le royaume pour n'en avoir pas besoin. » En effet, la France se suffisait alors à elle-même ; l'importation des miroirs de Venise y était défendue depuis 1669.

Voici par quel moyen les Français étaient arrivés à produire des glaces, malgré le mauvais vouloir des Vénitiens.

La manufacture du faubourg Saint-Antoine allait éteindre ses fours, quand M. de Chamillart apprit à Colbert qu'il existait à Tourlaville, près de Cherbourg, une manufacture de verre blanc et de glaces façon Venise, qui, dirigée par un nommé Richard Lucas, sieur de Nehou[1], jouissait d'une certaine réputation.

Comment un simple particulier pouvait-il être maître d'un secret refusé à la toute-puissance de Colbert, et comment Colbert ignorait-il l'existence de cette manufacture?

Les anomalies de ce genre sont fréquentes dans l'histoire des siècles passés.

D'après la légende, plusieurs jeunes gens de Strasbourg partirent de leur ville dans l'intention d'apprendre l'art

---

1. Quoique, dans son excellent ouvrage, M. Bontemps revendique le droit d'invention en faveur d'Abraham Thevart, nous avons cru devoir, faute de preuves écrites, laisser le nom de Lucas de Nehou, donné par les archives de la manufacture de Saint-Gobain.

de la verrerie à Venise, espérant qu'admis comme apprentis dans une miroiterie ils pourraient, plus tard, rapporter en France les connaissances et la pratique qu'ils auraient acquises à l'étranger. Leur espoir ne fut pas de longue durée; peu de jours s'étaient à peine écoulés depuis leur arrivée à Murano, que déjà chacun d'eux avait été impitoyablement éconduit par les miroitiers, pour lesquels tout étranger était un ennemi. Ne pouvant donc s'instruire ouvertement par un travail régulier, ils eurent recours à la ruse; voici le moyen qu'ils employèrent. Guettant le moment où les Vénitiens, jaloux même les uns des autres, portes et fenêtres fermées, se livraient en toute sécurité à la confection de leurs glaces, nos jeunes Strasbourgeois, perchés sur les toits, suivaient leurs moindres actions au moyen de trous habilement pratiqués; ils arrivèrent, après bien des dangers, à s'approprier ainsi les secrets, ou plutôt le tour de main qui constituait à lui seul la suprématie des verriers de Murano.

Aussi habiles maintenant que ceux-ci, nos jeunes gens rentrèrent en France et vinrent offrir leurs services à Lucas de Nehou, qui, comme on le pense, s'empressa de les accepter.

C'est ainsi que la miroiterie à l'instar de Venise fut introduite en France.

Pour mettre à profit l'importation nouvelle, Colbert annexa la glacerie de Tourlaville à la manufacture royale de Paris. Bientôt, secondé par ce ministre intelligent, Lucas de Nehou, débarrassé, grâce au titre de manufacture royale, d'une foule de tiraillements qui paralysaient ses travaux, et pourvu de plus grands priviléges, s'avança d'un pas tellement ferme dans la voie des améliorations que c'est de la glacerie de Tourlaville, dirigée par lui, que sortirent les premières belles glaces françaises.

Pour une industrie naissante, il y a deux espèces de protecteurs: l'un, assez commun, qui vous dit : Vous avez obtenu ce que vous demandiez, maintenant, allez, le reste vous regarde ; l'autre, beaucoup plus rare, qui non-seulement vous met à même de produire, mais qui, par son influence sociale, attire le public vers vous. — Aucun de ces deux bonheurs ne manqua à Richard de Nehou: après avoir rencontré un Colbert, il fut assez heureux pour trouver un Louis XIV.

A cette époque, avoir pour soi le souverain, c'était attirer la cour et la ville; et ce fut ce qui arriva, car dès que courtisans, riches traitants et même bourgeois eurent appris que leur roi avait fait mettre non-seulement des glaces françaises à ses voitures (1672), mais qu'il avait encore ordonné à la manufacture royale la fourniture de toutes celles qui devaient décorer la grande galerie des fêtes à Versailles (de là le nom de galerie des glaces qu'elle porte encore), aussitôt chacun d'eux, saisissant l'occasion de faire sa cour au roi et au ministre, s'empressa, malgré le prix élevé où étaient alors les glaces, de courir à la manufacture royale.

Une historiette rapportée par Saint-Simon [1] prouve que la flatterie n'était pas à bon marché.

« (1699.) La comtesse de Fiesque, qui avait été l'un des maréchaux de camp de mademoiselle de Montpensier à l'attaque d'Orléans, et qui n'avait presque rien, parce qu'elle avait tout fricassé ou laissé piller à ses gens d'affaires, tout au commencement de ces magnifiques glaces alors fort rares et *fort chères*, en acheta un parfaitement beau miroir. — Hé, comtesse, lui dirent ses amis, où avez-vous pris cela? — J'avois, dit-elle, une *méchante terre*, et qui ne rapportait que du blé, je l'ai vendue, et j'en ai eu ce miroir. Est-ce que je n'ai pas fait merveilles? »

1. *Mémoires.* Édition Hachette, in-18, t. II, p. 37.

Ainsi encouragée par la cour et la noblesse, la manufacture royale des glaces pouvait se croire en droit de concevoir de grandes espérances pour le présent ; mais n'avait-elle plus rien à craindre pour l'avenir ? Venise existait toujours, et bravant les peines sévères prononcées contre toute introduction de verrerie italienne en France, la contrebande, certaine de trouver un débit assuré, ne fût-ce que chez les frondeurs de la cour, se poursuivait activement, et il s'ensuivait un notable préjudice pour l'industrie française.

Afin d'arriver à détruire cette désastreuse concurrence, il fallait obtenir deux choses : un prix moins élevé de fabrication qui permît de vendre les glaces françaises à meilleur marché que celles de Venise et un mode de travail plus parfait.

On se souvient que ce fut Richard-Lucas de Nehou, mort en 1675, qui le premier osa lever l'étendard de la révolte contre le monopole vénitien. Eh bien, ce fut son neveu Louis-Lucas de Nehou qui lui porta les derniers coups ; il inventa, en 1688, le procédé du coulage du verre qui, comme on va le voir, permet, pour ainsi dire, d'obtenir des glaces d'une grandeur indéterminée, puis il transporta ensuite (1693) l'établissement de Paris à Saint-Gobain.

Tout ce que nous avons dit sur la manufacture de Saint-Gobain, qui est certes le type le plus parfait pour tout ce qui concerne le travail du verre, ayant été, en grande partie, extrait de l'excellent ouvrage de M. Augustin Cochin, membre de l'Institut[1], nous demandons au lecteur la permission de compléter ce qui nous reste à dire en puisant à la même source.

« Le premier progrès, ce fut l'invention du coulage ;

1. *La Manufacture des glaces de Saint-Gobain de* 1665 *à* 1865. Paris, Douniol, 1866, p. 72.

je ne crois pas qu'il existe, dans l'ensemble merveilleux
de tous les procédés industriels, une opération plus éton-
nante, un mélange de force, d'adresse, de courage et de
rapidité, plus surprenant[1].

« Quand on entre pour la première fois la nuit dans
une des vastes halles de Saint-Gobain, les fours sont fer-
més, et le bruit sourd d'un feu violent, mais captif, in-
terrompt seul le silence. De temps en temps, un verrier
ouvre le *pigeonnier* du four pour regarder dans la four-
naise l'état du mélange ; de longues flammes bleuâtres
éclairent alors les murailles des *carcaises*, les charpentes
noircies, les lourdes tables à laminer, et les matelas sur
lesquels des ouvriers demi-nus dorment tranquillement.

« Tout à coup l'heure sonne, on bat la générale sur les
dalles de fonte qui entourent le four, le sifflet du chef de
halle se fait entendre, et trente hommes vigoureux se lè-
vent. La manœuvre commence avec l'activité et la précision d'une manœuvre d'artillerie. Les fourneaux sont ouverts, les vases incandescents sont saisis, tirés, élevés en
l'air, à l'aide de moyens mécaniques ; ils marchent,
comme un globe de feu suspendu, le long de la char-
pente, s'arrêtent et descendent au-dessus de la vaste table de fente placée avec son rouleau devant la gueule
béante de la *carcaise*. Le signal donné, le vase s'incline
brusquement ; la belle liqueur d'opale, brillante, transparente et onctueuse, tombe, s'étend, comme une cire
ductile, et, à un second signal, le rouleau passe sur le
verre rouge ; le *regardeur*, les yeux fixés sur la substance
en feu, écrème d'une main agile et hardie les défauts

---

1. Suivant M. Péligot, le verre de Saint-Gobain se compose de :

Silice.	73
Chaux.	15.5
Soude.	**11.5**
	100.0

apparents; puis le rouleau tombe ou s'enlève, et vingt ouvriers munis de longues pelles poussent vivement la glace dans la *carcaise*, où elle va se recuire et se refroidir lentement. On retourne, on recommence, sans désordre, sans bruit, sans repos; la coulée dure une heure; les vases à peine remplacés sont regarnis; les fours sont refermés, les ténèbres retombent, et l'on n'entend plus que le bruit continu du feu qui prépare de nouveaux travaux.

« Lorsque la glace a été enfermée dans la carcaise, elle y reste environ trois jours.

« Le défournement est moins dramatique que la coulée. Rien de plus saisissant toutefois que la tranquillité mesurée avec laquelle dix à douze ouvriers, sans autre secours que des courroies, tirent, dressent et portent cette grande glace mince et fragile, en marchant au pas, comme des soldats, depuis la *carcaise* jusqu'au *pupitre*, placé sur des roues et des rails, qui va la porter, encore brute, à l'atelier d'équarrissage, où elle sera examinée, classée, coupée et mise en route pour les ateliers chargés de la rendre parfaite.

« Déjà ce verre est beau, mais opaque; il faut qu'il devienne transparent, poli et parfaitement plan. Chargé de réfléchir ou de transmettre la lumière, il ne doit, par aucun défaut, arrêter, disperser ou obscurcir ses puissants et délicats rayons. On va donc porter cette glace fragile, la *dégrossir* sous une *ferrasse* avec du sable, la reprendre, la sceller, la *doucir* à l'émeri contre une autre glace qui est fixe, la retourner pour doucir l'autre face, la reporter, la *savonner* à la main, puis la reprendre encore et la *polir* en la frottant avec des feutres garnis de *potée* (peroxyde de fer rouge), le tout à l'aide d'instruments compliqués, mis en mouvement par la vapeur ou par l'eau, la lever, l'examiner, la réparer, la revoir encore, et la diriger enfin, quand elle est parfaite, vers le magasin où elle sera classée, puis étamée, ou coupée, et livrée au public. »

Suivant le même auteur, voici le moyen employé à Saint-Gobain pour l'étamage. «Sur une table inclinée et entourée de rigoles, on étale une feuille d'étain bien nettoyée, sur laquelle on verse le mercure. Sous une main légère et rapide, la glace poussée bien droit chasse elle-même l'excès de métal, et le mercure, pris entre deux, s'étend, adhère et s'amalgame en quelques minutes; mais pendant près de huit jours, il faut que la glace sèche sous des poids lourds, qui achèvent de fixer le tain. »

Outre la difficulté de laminer et de battre l'étain sans le déchirer, et le prix excessif du mercure, le mode d'étamage que nous venons de décrire, et qui est encore généralement suivi, offre un inconvénient beaucoup plus grave, car, malgré toutes les précautions imaginables, il compromet au plus haut point la santé des ouvriers, lorsqu'il serait si facile aujourd'hui de les mettre à l'abri de tout danger. A l'appui de ces dernières paroles, nous allons donner, d'après l'excellent ouvrage de M. Bontemps (*Guide du verrier*), la formule d'une découverte qui, certes, méritera un jour les éloges de l'industrie et de l'humanité.

« Nous ne devons pas oublier de mentionner ici une nouvelle méthode de douer les glaces de la propriété de réfléchir les objets, nous voulons parler de *l'argenture des glaces;* bien que ce procédé ne soit pas encore généralement adopté, il constitue un progrès tellement notable, il se substitue à une méthode qui, par l'emploi du mercure, a des effets si déplorables sur la santé des ouvriers, que nous devons appeler de tous nos vœux son adoption générale. C'est au baron Liebig qu'est due la découverte scientifique qui a servi de point de départ aux divers procédés industriels de l'argenture des glaces. Un premier brevet fut pris en Angleterre et en France, par

M. Drayton, mais il ne produisit pas des résultats assez
satisfaisants pour déterminer son adoption et la cessation
de l'étamage au mercure. Mais, aujourd'hui, l'argenture
des glaces par le procédé de M. Petitjean remplit parfaitement le but. Ce procédé consiste à verser sur la
glace, parfaitement nettoyée et placée dans une position
bien horizontale, une plaque de fonte, une dissolution
très-étendue de tartrate d'argent ammoniacal; celle-ci
s'obtient en ajoutant une certaine quantité d'acide tar-
trique à une dissolution d'azote d'argent et d'ammoniaque contenant un léger excès de cet alcali, et en chauffant
graduellement la glace jusqu'à la température de 50 degrés environ. L'argent métallique se dépose en couche
feuillante et adhérente à la surface du verre, lequel, bien
nettoyé et séché, reçoit sur la surface argentée une couche de peinture à l'huile au minium, ou bien, ainsi qu'on
le fait en Allemagne, un enduit bitumineux. Ce procédé,
à l'avantage d'une exécution très-rapide, joint celui du
bon marché, car il suffit de 7 à 8 grammes de métal pour
argenter un mètre superficiel de verre, soit environ une
dépense de 1 fr. 40 à 1 fr. 80, pour la valeur de l'argent.

« Ce procédé, exploité par MM. Brossette et Cie, ne
laisse presque rien à désirer. Si les objets réfléchis présentent une blancheur un peu pâle, cela tient à la teinte
inclinant au jaune de l'argent, teinte qui est d'ailleurs
corrigée par la nuance généralement un peu azurée des
glaces; les glaces argentées supportent sans inconvénient
les voyages de long cours auxquels ne résiste pas l'étamage ordinaire. Enfin le procédé est économique; aussi
espérons-nous que MM. Brossette, qui déjà opèrent jour-
nellement l'argenture de 100 mètres de glaces, étendront
encore cette production dont on doit désirer la substitu-
tion complète à l'étamage au mercure. »

Nous ne saurions mieux terminer, qu'en donnant un

aperçu du changement du prix des glaces, de 1699 à 1862.

En 1699, Mme la comtesse de Fiesque, pour un miroir, donne une *mauvaise terre* qui rapportait du blé. (Voir page 101).

En 1702, le mètre de glace se payait 165 livres.
En 1802 . . . . 205 —
En 1862 . . . . 45 —

Cette baisse de prix est encore bien plus considérable, suivant M. Cochin, lorsqu'il s'agit de glaces de grands volumes.

En 1702, une glace de 4 mètres valait 2750 livres.
En 1802 . . . . 3644[1] —
En 1862 . . . . 262 —

1. « En 1802, après la Révolution, et en 1805 surtout, pendant le blocus continental, les prix étaient plus élevés qu'un siècle auparavant. »

V

BOUTEILLES — BUIRES — FLACONS

HISTORIQUE

Beaucoup de personnes pensent encore aujourd'hui que les anciens, si avancés dans tous les genres de luxe, l'étaient beaucoup moins pour les choses les plus usuelles de la vie. Il en est qui vont jusqu'à dire qu'ignorant l'art de conserver les vins, les anciens laissaient à chaque convive assis au festin le soin de presser de ses mains le raisin dans la coupe.

Disons-le d'abord, les anciens ont connu les bouteilles et les verres à boire. L'Égypte nous a laissé des bouteilles soit en simple verre, soit couvertes d'un treillis d'osier, ou de tiges de papyrus. Ces dernières, qui offrent la plus grande ressemblance avec celles renfermant de nos jours l'huile de Florence, sont encore aujourd'hui désignées par les Égyptiens sous le nom de damadjan.

Si, sautant par-dessus bien des siècles, pendant lesquels rien ne prouve que la fabrication des bouteilles ait cessé, nous arrivons chez les Romains, nous trouvons des réci-

pients identiques à ceux dont nous nous servons aujour-
d'hui.

Quatre vers d'Horace, et quelques mots de Pétrone
vont le prouver :

« J'en veux célébrer l'anniversaire, et ce jour heureux
fera sauter le *liége* et le *cachet* d'une amphore mise à la
fumée sous le consulat de Tullus[1]. »

« Aussitôt on apporte les flacons de verre soigneusement *cachetés*; au col de chacun d'eux était suspendue
une *étiquette* ainsi conçue : Falerne Opinien[2] de 100
ans[3]. »

Dans ces citations, dont nous pourrions facilement
augmenter le nombre[4], ne trouve-t-on pas la bouteille,
le bouchon, la cire qui le recouvre, et même l'étiquette
servant à indiquer la nature du vin? ne trouve-t-on pas,
en un mot, la bouteille telle qu'elle est en usage de nos
jours?

L'ancienneté des bouteilles ainsi constatée, faut-il en
conclure qu'elles furent d'un usage général et non inter-
rompu jusqu'à nos jours? Si leur utilité donne lieu de le
penser, l'absence des objets et le silence des textes permettent d'en douter, car les deux documents les plus
anciens que nous puissions citer indiquent, l'un, comme
première verrerie à bouteilles établie en France, celle
qui existait en 1290 à Quinquengronne (Aisne); l'autre,
les rôles de la ville de Paris, mentionnent un nommé
« Macy qui, en 1292, fet (*sic*) des bouteilles. » Encore
ce Macy aurait fort bien pu fabriquer des bouteilles d'au-

1. Horace à Mécénas, *Odes*, III, vii, 9.
2. On désignait sous le nom de Falerne Opinien le vin de Falerne
récolté sous le consulat d'Opinius (an de Rome 634). Pline (liv. IV,
chap. iii) dit que, de son temps, il y avait encore de ce falerne. Il devait, à cette époque, avoir près de deux cents ans de bouteille.
3. Pétrone, *Satyricon*, liv. XXXIV.
4. Martial, *Épigrammes*, XIII, cxx : « Si le vin de Spolète a quelques années de *bouteille*, tu le préféreras au falerne nouveau. »

tre matière que de verre, car il ne faut pas oublier qu'aux treizième et quatorzième siècles, les rois de France se servaient indistinctement, soit des bouteilles « en argent esmaillé, » soit de simples bouteilles de cuir qui, importées d'Angleterre, furent ensuite imitées à Paris. Il paraît même qu'un certain Jehan Petit Fay, « marchand suivant la cour, » avait charge, en 1469, d'en approvisionner le palais du roi Louis XI.

Ce n'est donc que vers la fin du quinzième siècle ou tout au plus au commencement du seizième, que, les verreries s'étant multipliées en France, les bouteilles de cuir, abaissées au simple rôle de gourdes portées par les voyageurs, firent place aux bouteilles de verre.

COMPOSITION ET FABRICATION DU VERRE DES BOUTEILLES.

Dans l'impossibilité d'énumérer ici d'une manière absolue les différentes compositions qui servent à la fabrication des bouteilles à vin, car elles varient dans chaque verrerie, mais désirant cependant donner au lecteur une idée des diverses matières dont elles sont le plus souvent faites, nous citons d'après l'ouvrage de M. Bontemps la composition suivante qui, suivant lui, peut être considérée comme une moyenne des compositions en usage aujourd'hui dans les diverses verreries de France.

Sable de rivière.	100 parties.
Carbonate de chaux.	10 —
Marne calcaire.	10 —
Sulfate mélangé de chlorure de sodium (sel marin).	6 à 10 —

A quoi on ajoute les fragments de bouteilles cassées. Pour donner une idée de l'importance de cette industrie, il nous suffira de dire que la France seule fabrique par an de cent à cent quinze millions de bouteilles dont la valeur s'élève de quatorze à dix-huit millions de francs.

Quant aux bouteilles à liqueurs, généralement en verre de diverses couleurs, leur composition est la même que celle des verres à vitre, seulement on y ajoute les oxydes métalliques devant produire la coloration désirée ; ainsi, par exemple, les bouteilles à vin du Rhin, qui se fabriquent en Allemagne et principalement à Saarbruck, obtiennent leur belle couleur brun rouge par l'adjonction au verre incolore d'une certaine quantité de manganèse.

La composition des bouteilles étant connue, entrons

Fig. 20. — Fabrication des bouteilles. — Paraison du verre.

dans la halle et assistons à leur fabrication. Chaque four, généralement de forme carrée, contient huit potées de matière en fusion, et le travail de chacune d'elles est fait par un *maître ouvrier*, un *grand garçon* et un *gamin*, qui, comme on va le voir, ont des occupations bien distinctes. Le gamin, armé de sa canne, commence par cueillir dans l'ouvreau un premier verre, puis un second. Cela fait, il passe la canne, ainsi garnie, au grand garçon qui après avoir ajouté le verre nécessaire à la confection totale de la bouteille, le roule sur le marbre, le souffle, aplatit la partie inférieure de la bouteille en l'appuyant légèrement sur le marbre, et forme enfin le goulot en tirant doucement la canne à lui.

Cette seconde opération terminée, la bouteille, après avoir été réchauffée à l'ouvreau, passe dans les mains du maître ouvrier qui, en soufflant et rectifiant ainsi ce qu'elle peut avoir de difforme, finit par lui donner la dimension propre à entrer dans le moule qui est soit en fer soit en laiton. Une fois placée dans le moule qu'on ferme, il souffle en tournant la pièce, jusqu'à ce qu'elle ait *rempli* *l'intérieur du moule*. Cela fait, il retire la bouteille, la retourne de bas en haut de telle sorte que l'embouchure

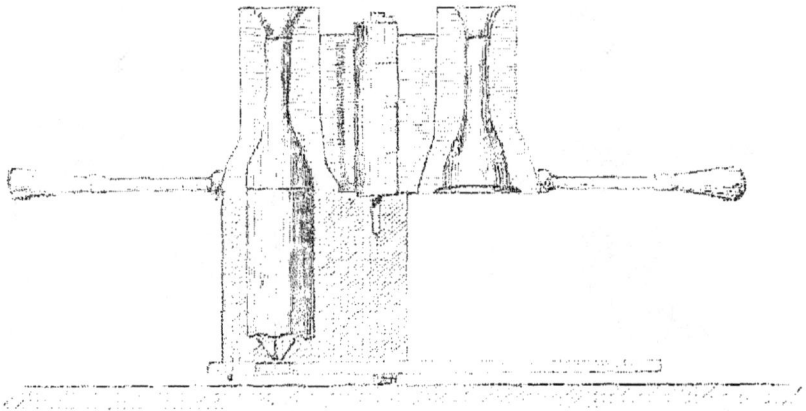

Fig. 21. — Moule à bouteilles.

de la canne, à laquelle la bouteille tient toujours, repose sur le marbre, et alors de sa main droite il enfonce le col de la bouteille soit avec le manche de la palette, soit avec un instrument spécial. Enfin il prend avec un petit crochet en fer un peu de verre en fusion dont il forme la bague qui se trouve à l'extrémité du col.

La bouteille étant terminée est remise au gamin qui la porte au four de recuisson où on la détache de la canne, en donnant un petit coup sec sur le milieu de celle-ci.

Telles sont, à peu de détails près, les diverses opérations que nécessite la fabrication d'une bouteille ordi-

Fig. 22. — Bouteille vénitienne.

naire moulée en partie; celles qui le sont entièrement, comme les bouteilles à madère, à rhum, etc., se font dans un moule composé de trois pièces dont l'une, presque cylindrique, forme la panse de la bouteille, tandis que les deux autres, s'ouvrant en deux parties, forment le dôme et le goulot (fig. 21).

La rapidité de fabrication que donne ce moule, qui s'ouvre et se ferme au moyen d'une pédale, est telle qu'une heure suffit pour faire cent bouteilles.

La fabrication des bouteilles dites *champenoises* est certainement celle qui demande le plus de soins, car il ne faut pas oublier qu'elles sont appelées à résister à une pression de 20 à 30 atmosphères. Pour arriver à leur donner cette force, il ne suffit pas seulement que le verre soit plus épais (une bouteille champenoise pèse 1 kilogramme et contient 75 centilitres), mieux affiné et mieux fondu et recuit, il faut encore et cela demande une grande pratique, que, par son souffle, l'ouvrier lui donne dans toutes ses parties une force supérieure à la pression du liquide.

La France fabrique annuellement de 95 à 100 millions de kilogrammes de bouteilles (le poids approximatif de chaque bouteille ordinaire est de 1 kilogr.) dont 23 millions sont destinés à l'exportation. La Champagne seule en emploie de 10 à 12 millions.

Laissons cette fabrication, si intéressante qu'elle soit au point de vue industriel, pour jeter un coup d'œil sur les élégantes conceptions de l'ancienne Italie; là, pendant ce seizième siècle où tout était dominé par l'art, on n'aurait pas eu l'idée de renfermer les généreux vins aux riantes couleurs dans d'informes récipients sombres d'aspect et presque opaques; les fiasques italiennes, à piédouche, souvent légèrement déprimées sur les faces et munies de passants qui permettaient de les transporter ou de les suspendre au moyen de ganses tressées de soie et d'or, étaient en général d'un verre incolore mince et hyalin rehaussé par des rosaces, des bordures et des fleurons en or, quelquefois repiqués de touches d'émail; on y peignait aussi les armoiries du destinataire.

Ces bouteilles remarquables portent, dans le langage de la curiosité, le nom de gourdes de chasse; la figure 22 montre leur élégance et leur distinction.

Toutes, d'ailleurs, n'étaient pas en verre incolore; il en existe de bleues, de rouges, de vertes et de pourpres, également ornées en or et en perles d'émail, disposées de diverses manières, souvent en zones imbriquées ou en écailles. On en rencontre même qui sont garnies extérieurement d'une enveloppe en cuivre découpé à jour; elles se trouvent ainsi garanties du danger des chocs, sans que l'œil soit privé de l'effet de leur brillante couleur.

Pourquoi, dans le raffinement du luxe moderne, n'aurait-on pas imité ces recherches d'élégance? On a bien, de nos jours, imaginé de verser les vins ordinaires dans des carafes; mais ce n'est là ni la fiasque légère des Italiens, ni la bouteille élancée des Persans; le vin y semble mal à l'aise et peu engageant; or, exciter à boire, telle était la préoccupation constante de nos aïeux, et leurs vases vinaires, leurs verres concouraient, avec la qualité des boissons, à pousser le convive aux exploits bachiques.

Nos mœurs auraient-elles changé à ce point que la tempérance fît mépriser ce genre de luxe? ou bien nos industries auraient-elles dégénéré de telle sorte qu'il leur fût impossible de produire aucun vase susceptible de remplacer sur la table la vulgaire bouteille ou la carafe déviée de son rôle? Non, cette difficulté n'existe pas, et le lecteur pourra s'en convaincre en jetant les yeux sur la figure 23.

Cette buire, en forme d'œnochoé, rendrait attrayante toute boisson rutilante ou ambrée; et pourtant, elle n'est

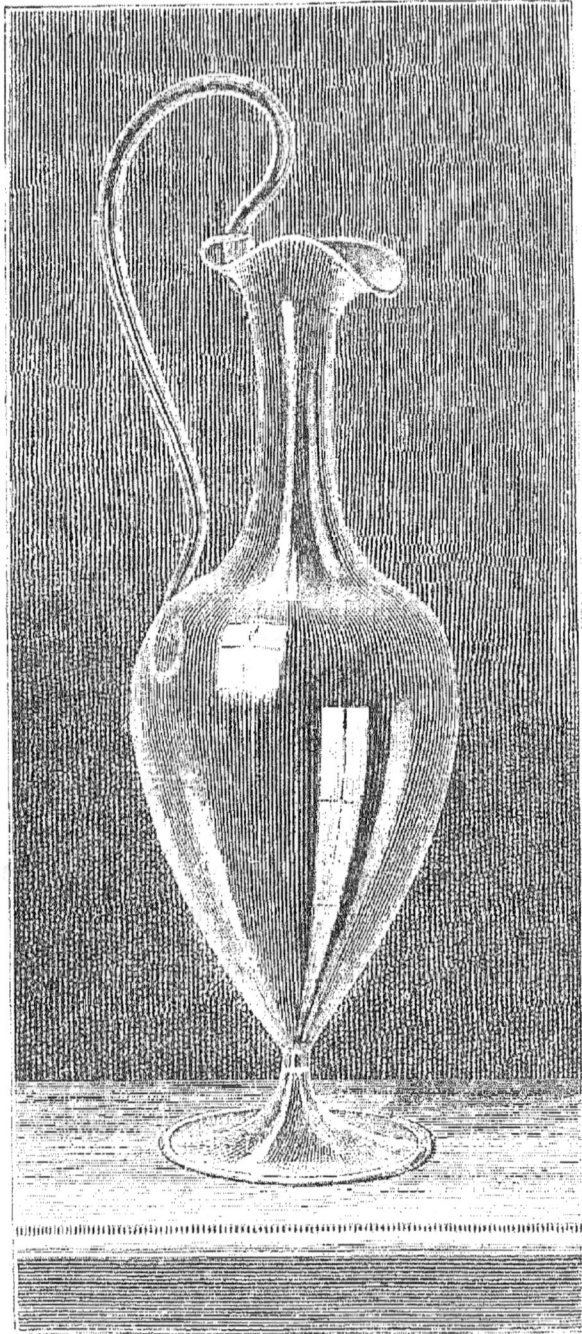

Fig. 23. — Buire (cristallerie de Clichy).

pas venue des Grecs ni des verriers de Murano; elle sort simplement de la cristallerie de Clichy; ses minces parois, modelées avec tant de goût, ne sont pas l'empreinte d'un moule; c'est en soufflant et travaillant son galbe que l'artiste est parvenu à combiner cet ensemble charmant, dont chacune des parties est obtenue à part.

Le lecteur ne suivra peut-être pas sans intérêt les différentes phases de ce travail, dont notre figure 24 présente

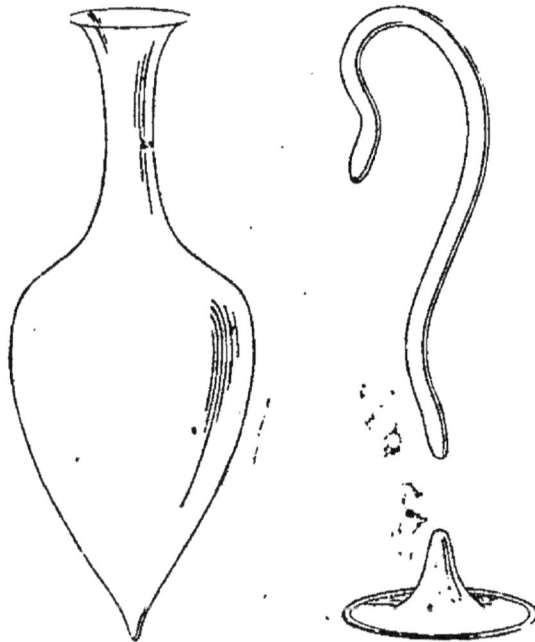

Fig. 24. — Fabrication de la buire, fig. 23.

les éléments divers. Le dessin du vase étant donné, le verrier prend, à l'aide de sa canne, la quantité de matière en fusion qu'il juge nécessaire; il la marbre et la souffle pour obtenir le corps ovoïde et le col allongé, d'abord simplement évasé; un second ouvrier vient alors souder à la partie inférieure de la panse une pièce de cristal façonnée par lui en campanule ouverte et qui forme le pied. L'ensemble ayant été réchauffé, réparé avec soin, le col ouvert flexueusement et taillé aux ciseaux, un troisième ouvrier, qui a préparé et tordu dans la courbure voulue un tube plein, aplati vers ses deux extrémités, vient le coller à la pièce principale, dont elle forme l'anse. Dès lors l'ensemble est parfait.

Là encore pourtant les Italiens sont nos maîtres. Si nous examinions les aiguières variées qu'ils nous ont laissées, nous en verrions de formes tellement inattendues que les yeux s'en réjouissent et l'esprit s'en émerveille; ici le corps même du vase est une grappe de raisin; ailleurs c'est un oiseau fantastique dont le col allongé et le bec ouvert donnent passage au liquide; puis c'est une ornementation en *reticelli* (petits réseaux), en *ritorti de latticimo* (spirales d'émail blanc), parfois disposée sur des godrons saillants, plus souvent divisant le vase en colonnes alternantes ou l'enveloppant de leur inclinaison en spirale; plus rarement des filets d'émail blanc, déliés comme un cheveu, se croisent à angles aigus formant des losanges multiples, entre lesquels le verre se boursoufle; c'est le merveilleux travail *à bulles d'air*, aussi charmant d'effet que difficile à exécuter.

On pourrait étendre à l'infini ces descriptions sans épuiser le sujet; mais nous nous réservons d'y revenir lorsqu'il s'agira des verres à boire, peut-être plus variés encore, et qui se prêtent mieux d'ailleurs aux caprices de l'imagination.

FLACONS

Rabelais (livre V), au chapitre intitulé : *le Propos des buveurs*, met dans la bouche de l'un d'eux qui, maître en l'art de boire, se connaissait trop bien en bouteilles pour commettre la moindre équivoque, la définition de deux objets bien distincts par leur emploi et pris à tort l'un pour l'autre. Nous voulons parler de la bouteille et du flacon.

« Quelle différence, demande l'un des convives à son voisin, est entre bouteille et flacon?

— Grande, répond le camarade, car bouteille est fermée à bouchon, et flacon à vis. »

La même définition se trouve encore dans Étienne Tabourot[1] : « On ferme bouteilles à bouchons et flacons à vis. »

Ajoutons qu'aux quinzième et seizième siècles, les flacons étaient bouchés, non-seulement par un couvercle à vis, mais encore par un bouchon qui, entrant dans le goulot, se trouvait entièrement découvert par le couvercle[2].

De par Rabelais et le seigneur des Accords, la désignation de flacon ne doit donc être donnée qu'à une espèce de bouteilles spécialement destinées à contenir soit des parfums, soit des essences qui, pouvant se détériorer par la volatilisation, exigent un bouchage pour ainsi dire doublement hermétique.

Aujourd'hui, et afin de remplacer les couvercles à vis, on a imaginé de couvrir le goulot des flacons contenant des odeurs, ainsi que certaines bouteilles, celles de champagne entre autres, d'une capsule métallique. Quoique très-peu épaisse, son adhérence au verre est un obstacle à toute évaporisation.

Puisque nous parlons des flacons, disons comment se fabriquent leurs bouchons en verre, ainsi que ceux des

---

1. Tabourot (Étienne), sieur *des Accords*, procureur du roi à Dijon, mort en 1590, est très-connu par plusieurs ouvrages facétieux et bizarres, surtout par celui portant le titre de : *Bigarrures et touches du seigneur des Accords*, imprimé à Paris en 1662.

2. Nous regrettons d'avoir à donner ici un démenti aux définitions ci-dessus; mais les bouteilles de chasse ou fiasques en *terre émaillée*, qui n'ont rien de commun pour la taille et pour l'usage avec les flacons, sont toujours bouchées à vis, ce qui permet d'éviter les accidents du transport.

carafes; cela expliquera en même temps pourquoi l'extrémité des goulots est dépolie.

Le verrier, après avoir choisi, à vue d'œil, le bouchon
qui se rapproche le plus du diamètre intérieur du goulot,
l'enfonce dans un mandrin de bois placé sur un tour.
Prenant alors le flacon de la main droite, il présente l'orifice du goulot à l'extrémité du bouchon, et bientôt, grâce
au mouvement de rotation donné par le tour à l'eau et au
sable introduits entre le bouchon et les parois du goulot,
l'ajustage est terminé.

On obtient un bouchage plus hermétique en faisant
succéder l'émeri de plus en plus fin au travail opéré par
le sable.

Sans que nous ayons besoin de le dire, le lecteur comprendra que les bouteilles, carafes et flacons affectant une
forme autre que celle sphérique ou ovoïde, sont soufflés
dans des moules.

VI

COUPES ET VERRES A BOIRE

Après les bouteilles viennent les coupes et les verres qui, s'ils sont différenciés par la forme, par le nom et quelquefois par la matière, surtout dans l'antiquité, n'en sont pas moins identiques quant à l'usage.

Avant d'entrer dans l'historique des verres à boire, un mot sur le mode de leur fabrication, ainsi que sur leurs dénominations respectives. Dans la verrerie, on désigne sous le nom de *gobelet* le verre de forme cylindrique reposant sur un fond plat, et sous celui de *verre* celui qui est composé d'une coupe, d'une jambe et d'un pied.

Le *gobelet* se fait ainsi. Le souffleur ayant cueilli et paré le verre, le souffle et marbre légèrement le fond qu'il carre au moyen d'une palette ou d'un moule. La hauteur et le diamètre obtenus, il le détache du pointil, le coupe avec des ciseaux et termine la forme cylindrique exacte par le moyen de lames de bois.

Le travail est tellement bien réparti, et s'opère avec tant de promptitude, que trois ouvriers travaillant à la même potée fournissent environ cent gobelets de dimension ordinaire par heure.

Le *verre* demande trois opérations distinctes et successives, donnant la coupe, la jambe et le pied. La coupe cylindrique terminée, on étire une petite quantité de verre qu'on y soude, c'est la jambe; quant au pied, il se fait au moyen d'une nouvelle quantité de verre qui, tournée, vient se coller à la jambe.

Les moulures diverses qu'on remarque parfois sur la jambe de ces verres se font avec des lames de bois.

Nos ouvriers verriers ont un tel coup d'œil que, *sans aucun moule*, ils fabriquent plusieurs douzaines de ces verres identiquement pareils, tant par le diamètre de la coupe que par la hauteur totale.

Dans les verres ordinaires, la jambe est prise dans la même masse de verre que la coupe, tandis que dans la verrerie dite de luxe elle est rapportée.

Tâchons de savoir maintenant vers quelle époque peut remonter l'usage des coupes de verre; peut-être allons-nous découvrir que l'usage et l'abus prirent naissance ensemble.

Salomon (Proverbes, XXIII, versets 29, 30, 31) est le premier auteur dont nous allons invoquer le témoignage.

« Pour qui la rougeur et l'obscurcissement des yeux? — Sinon pour ceux qui passent le temps à boire du vin et qui mettent leur plaisir à vider des *coupes*? — Ne regardez point le vin lorsque sa couleur brille dans le *verre*. »

Du temps de ce Sage qui vivait mille ans avant Jésus-Christ, on se servait donc de coupes en verre; nous les retrouvons aussi chez les anciens Hébreux, employées dans les cérémonies du mariage. Le grand prêtre présentait à l'époux et à l'épouse une coupe remplie de vin, laquelle, après qu'ils y avaient l'un et l'autre trempé les lèvres, était brisée en éclats [1].

---

1. Cette cérémonie, pratiquée encore de nos jours, est un symbole

N'ayant à nous occuper ici que de la verrerie, nous devons, à peine de sortir du cadre qui nous est tracé, laisser de côté les coupes d'or et de cristal qui, dès les temps homériques, servaient soit dans les sacrifices, soit dans les festins, afin d'assister le plus vite possible à la lutte que le verre eut à soutenir contre ses deux rivaux, rivaux d'autant plus dangereux que la richesse de la matière, à cette époque aussi bien qu'à la nôtre, était et sera toujours d'un grand poids dans les appréciations humaines.

Aussi la lutte fut-elle longue et opiniâtre; car si la cause des coupes d'or et de cristal était énergiquement soutenue par les partisans des anciennes coutumes, d'autres esprits moins stationnaires chantaient à l'envi les louanges de l'innovation.

Chez les Romains, l'apparition des coupes de verre eut un éclatant succès; et comme Pline va nous le faire connaître, ce succès alla jusqu'à faire délaisser les coupes d'or et de cristal, trop dispendieuses sans doute.

Pourtant il y eut débat; la mode fit adopter par quelques-uns les coupes de verre pourpre qui se fabriquaient à Diospolis et à Alexandrie, les autres préféraient celles dont parle Vopiscus dans la vie de Saturnin, et qui, de couleurs changeantes, se fabriquaient en Égypte. Mais la limpidité du verre finit par l'emporter sur l'éclat des fabrications rivales, et Pline va en expliquer la raison; il dit, en parlant du verre (l. XXXVII, c. LXVII) : « Aucune matière n'est plus maniable, nulle ne se prête mieux aux couleurs; *mais le plus estimé* est le verre incolore et transparent, parce qu'il ressemble plus au cristal. Pour boire, il a même chassé les coupes de métal. »

Il ne faudrait pas croire, au surplus, que les anciens

de la fragilité des choses humaines, qu'Isaïe traduit ainsi : « L'herbe sèche, la fleur se fane, la parole de notre Dieu subsiste seule éternellement. »

se fussent bornés à l'usage des coupes; ils ont eu aussi leurs verres et gobelets; il nous suffira pour le prouver de renvoyer le lecteur à la figure 3 de la page 21, ou mieux encore au vase de Strasbourg (page 20) qui n'est qu'un élégant gobelet apode, ou sans pied, à paroi extérieure réticulée, usage venu sans nul doute de l'extrême Orient.

Puisque nous avons parlé de l'Orient à propos des verres, qu'on nous permette, avant de nous occuper des fabrications européennes, de mentionner le hanap qui, suivant la tradition, fut donné par Aaron-al-Rechyld à l'empereur Charlemagne, et que possède la bibliothèque de Chartres. Ce hanap, en forme de calice et en verre assez épais, est décoré d'émaux incrustés blancs et bleus, encadrés dans un filet d'or; il repose sur un support doré. Sur le pourtour de la coupe on lit, en caractères arabes rouge et or, une légende dont voici la traduction : « Que sa gloire soit éternelle et sa vie longue et saine, son siècle favorable et sa fortune parfaite. »

La hauteur de la coupe est de 8 pouces 11 lignes, la circonférence supérieure de 1 pied 5 pouces 4 lignes, et celle du bas de 6 pouces 8 lignes.

DES VERRES DE FABRICATION ALLEMANDE

Les verres allemands, d'une pâte qui tire sur le vert ou sur le jaune, sont d'une forme généralement cylindrique. Sur l'extérieur, on trouve presque toujours une peinture émaillée, représentant des blasons allemands (fig. 25) et quelquefois des portraits et figures.

Les plus grands de ces verres sont appelés vidercomes, et l'on a donné de ce nom deux explications si différentes que nous pensons devoir les reproduire toutes deux.

Voici celle donnée par Montaigne (*Essais*, liv. II, chap. II, *de l'Ivrognerie*) :

Fig. 25. — Vidercome allemand.

« Anacharsis[1] s'estonnoit que les Grecs beussent, sur la fin du repas, en plus grands verres qu'au commencement; c'est, comme je pense, pour la même raison que les Allemands le font, qui commencent le combat à boire d'autant. »

D'après ces paroles, le vidercome ne serait autre chose que le contenant du coup de grâce que chaque convive acceptait à la fin du repas.

Voici l'autre explication tirée de la traduction française du mot allemand *Wiederkommen*, dont nous avons fait vidercome, et qui signifie littéralement : *faire retour, revenir.*

Un vidercome contenant plusieurs de nos litres était présenté, à la fin du festin, à l'amphitryon qui, après y avoir trempé les lèvres, le passait à son convive de droite; celui-ci, après y avoir bu, le présentait à son tour à son voisin et ainsi de suite, jusqu'à ce que le vidercome, devenu vide, *fît retour* à l'amphitryon.

Cette mode, qui serait peut-être très-peu goûtée de nos jours, est encore en usage à Bruges, car nous lisons dans un journal de cette ville :

« Dans les cabarets flamands, l'hôtesse et les servantes ne servent jamais un verre plein sans y tremper les lèvres. — A votre santé! disent-elles en vous remettant le verre où elles viennent de boire.

« Cet usage remonte à la domination espagnole et s'est continué pendant les guerres civiles qui ont si longtemps ravagé ce triste pays. Souvent alors le poison se cachait au fond du verre. »

Au surplus, l'usage de boire à la ronde dans le même verre n'est pas moderne, car Horace donne à entendre qu'il était suivi de son temps, lorsqu'il parle de la *coppa magistra* (très-grand verre).

---

1. Diogène Laërce, *Vie d'Anacharsis,* liv. I.

Puisque nous sommes dans le verre peint, nous demanderons au conseil de salubrité publique de surveiller avec un soin spécial les verreries qui se vendent et se jouent dans les fêtes publiques. Ces carafes et ces·verres à boire, dont les couleurs vives, blanches, rouges, bleues ou vertes, sont obtenues au moyen d'oxydes métalliques, tels que bismuth, plomb, céruse, etc., toutes substances éminemment toxiques, sont fabriqués avec une telle né-.gligence que la matière colorante se délaye très-facilementdans l'eau, le vin, l'alcool, et même au simple contact des lèvres.

DES VERRES DE FABRICATION DE BOHÊME

Quels sont aujourd'hui les descendants directs de ces énormes videcomes, imposants par leur grandeur magistrale, rehaussés de l'éclat de splendides couleurs? hélas! ils se sont faits petits, et abjurant le nom hospitalier que leur avaient imposé les anciens, ils s'appellent aujourd'hui choppe.

La choppe étant devenue un des besoins de notre épo-que, indiquons ici son lieu de naissance et le mode de sa fabrication.

Originaire de Bohême, la choppe à bière se souffle dans un moule en bois à deux compartiments et présente à sa sortie la forme d'un flacon à col assez allongé.

Pour détacher le col de la partie inférieure qui seule doit former la choppe, le verrier tourne circulairement pendant quelques instants, à l'endroit voulu, la pièce sur une barre de fer rouge. Cela fait, il lui suffit de mouiller l'endroit chauffé soit avec son doigt, soit avec un fer froid pour obtenir la séparation. Après la recuite, les bords de la choppe sont usés sur la roue.

DES VERRES DE FABRICATION VÉNITIENNE

Si l'Allemagne ne nous offre, à peu d'exceptions près, que des produits paraissant sortir tous du même moule; si, dans la Bohême, nous ne trouvons généralement qu'un mode uniforme d'ornementation obtenu par la gravure, il n'en est pas ainsi de l'Italie. Chez elle, mille formes variées montrent que chaque artiste, tout à son inspiration individuelle, loin de se soumettre à un type uniforme et traditionnel, cherchait, au contraire, à créer pour chaque ouvrage une donnée nouvelle, fantastique, folle parfois, bizarre, impossible même si l'on veut, mais portant presque toujours en elle cette élégance, ce cachet d'originalité qui plaît et captive.

Nous allons montrer quelques-unes de ces formes.

Ici (fig. 26) c'est un verre dont le récipient, côtelé et coupé par cinq renflements superposés et d'inégales grandeurs, repose sur une tige formée en partie par les enlacements de deux corps de dragons que surmontent des crêtes de verre incolore travaillé à la pince. Ces dragons sont formés d'une canne torsinée en latticinio (hauteur 0^m,270).

Là (fig. 27), si la donnée générale de la composition offre quelque ressemblance avec la pièce précédente, cette ressemblance disparaît dans les détails; les corps des dragons sont ornés de trois filets croisés, émaillés jaune, blanc et rouge, et les têtes sont surmontées de cornes en verre bleu; enfin le récipient est simplement conique et la base du pied forme un balustre élégant.

Le troisième verre (fig. 28), n'a plus aucune ressemblance avec les deux premiers : le récipient est formé d'une coupe en verre blanc ondulé de légères flammes bleu clair rehaussées de parties blanches, et repose sur un double nœud à filets de latticinio, qui semble naître d'une tige

flexueuse torsinée en spirale de filets rouge et blanc, à
l'extrémité de laquelle s'épanouit une fleur à calice
rayonnant et à six pétales en verre bleu pâle entourant
un pistil saillant. Des deux côtés de la tige, vers la base,

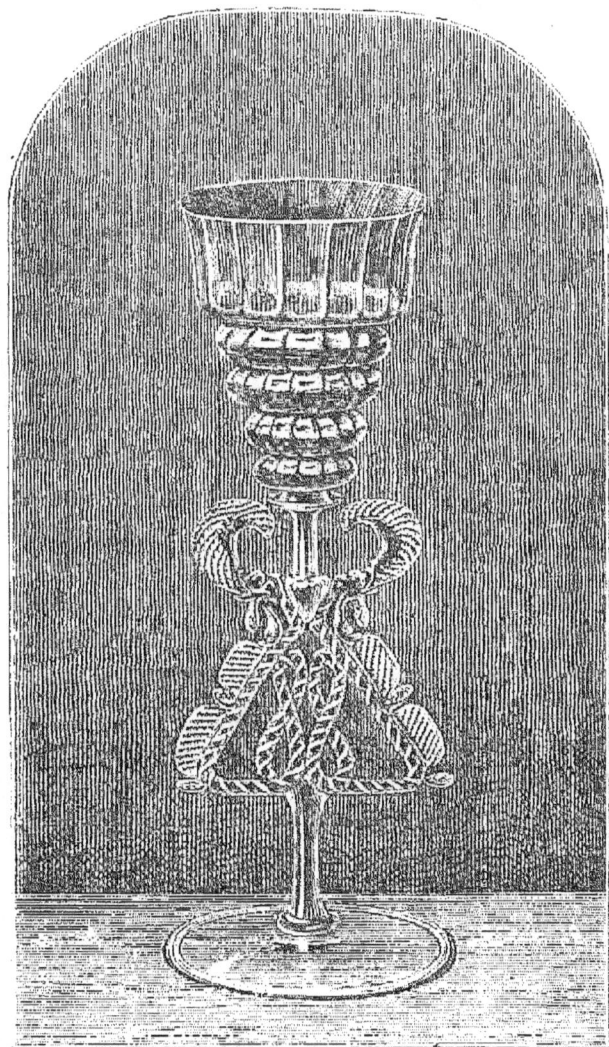

Fig. 26. — Verre vénitien.

naissent cinq grandes feuilles en verre jaune opaque
qu'accompagnent deux autres feuilles en verre bleu
foncé, surgissant d'un nœud qui pose sur le petit pied en
verre incolore qui porte le tout.

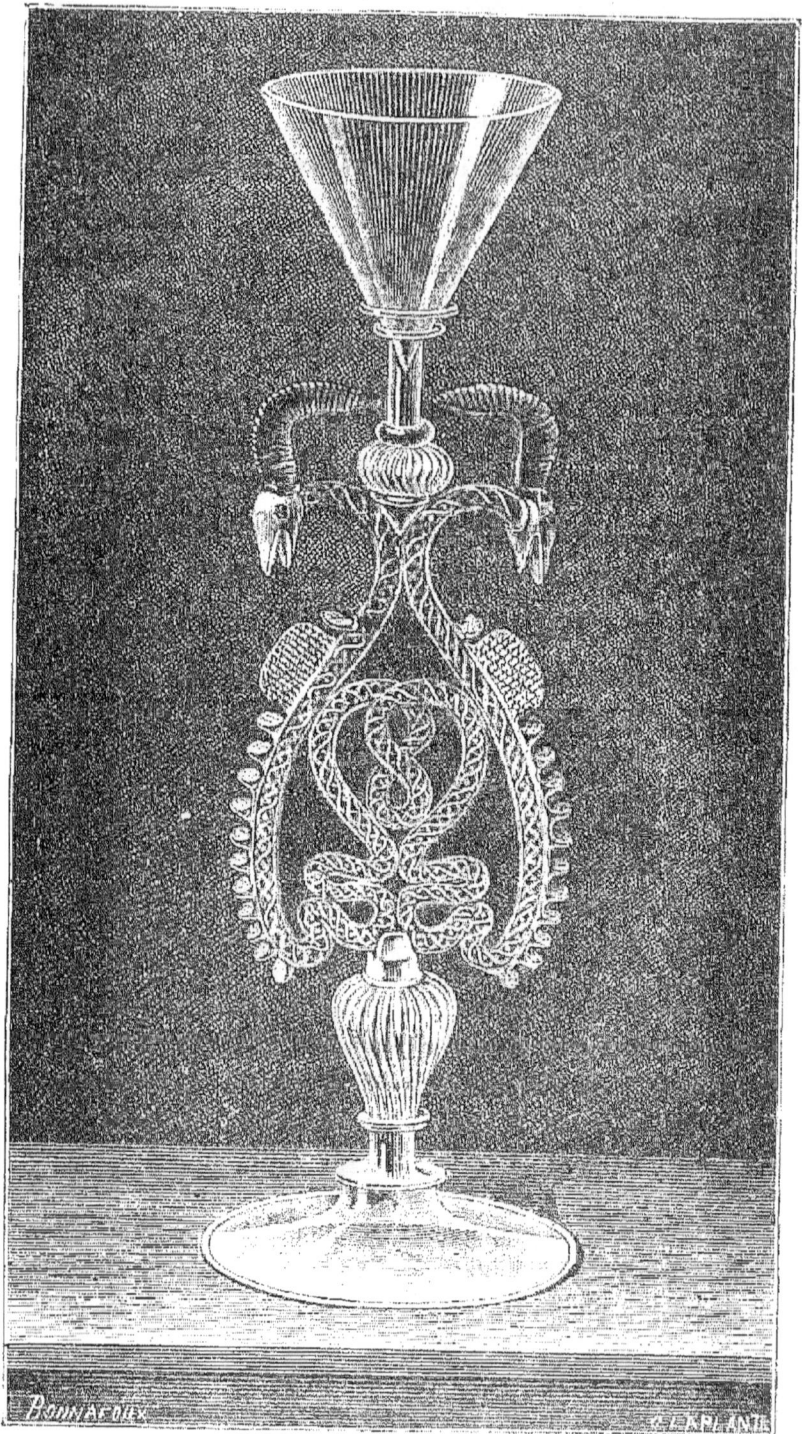

Fig. 27. — Verre vénitien.

Cette composition, très-élégante dans sa complication, est assez fréquemment répétée, de même qu'on trouve

Fig. 28. — Verre vénitien.

une infinie variété de verres se rapprochant des figures 26 et 27. Quelquefois même le verre lui-même perd sa forme naturelle conique ou campanulée pour se

dévier en larges bords plats diversement infléchis qui
semblent rendre son usage impossible, ou bien encore il
prend la forme d'un oiseau fantastique dont le bec forme
goulot, ou d'un dragon monstrueux pourvu d'ailes de
chauve-souris. En voyant ces singularités, on se demande
naturellement si les Vénitiens et leurs nombreux clients
étaient condamnés à se servir, dans la vie habituelle, de
pareils récipients, difficiles à manier et dont la destruction était imminente si on les eût placés sur la table. Évidemment, il faut distinguer. Beaucoup, parmi les verres
de Venise, devaient contribuer au luxe des dressoirs
et montrer leurs gracieux appendices, leurs colorations
rivales des gemmes, parmi les riches orfévreries qu'on
aimait alors à exposer dans les palais et chez les riches.
D'autres étaient destinés à égayer les longs repas et favoriser certains jeux d'adresse inventés par les buveurs;
tels ceux à siphon où il était impossible de boire si l'on
n'en connaissait pas le secret, ce qui leur avait fait donner le nom de verres tantales; tels encore ceux qui ont
été mentionnés plus haut, dont les bords repliés versaient
le liquide sur le maladroit qui n'avait pas posé ses lèvres
à la seule place où le vin ne s'étendait pas en large
nappe.

En dehors de ces usages, les verres de Venise servaient à l'échange de cadeaux et consacraient souvent le
souvenir d'actes importants dans la vie; les fiancés
offraient souvent à la *donna amata* un verre où des
inscriptions et des emblèmes consacraient leur flamme;
ici c'étaient deux cœurs percés d'une même flèche ou
deux mains unies; plus souvent encore deux médaillons
offraient, dans la plus élégante ornementation, le portrait
des deux époux. Ce genre de verre de mariage remonte
même très-haut et l'on en trouve qui paraissent avoir
été exécutés au quinzième siècle par le célèbre Beroviero.
Leur forme est assez particulière pour que nous la signa-

lions; le récipient presque en campanule est tronqué à
sa base et repose sur un disque débordant quelque peu
et ondulé sur ses bords; c'est de ce disque que part le
pied généralement assez simple. Ces verres du quinzième

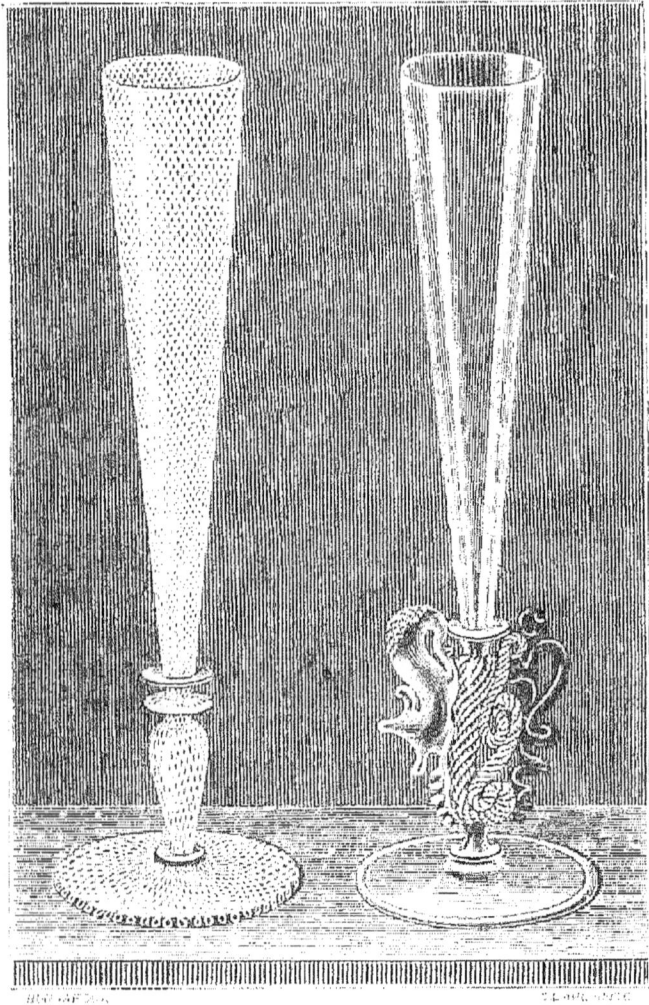

Fig. 99. — Verres vénitiens.

siècle sont généralement colorés et relevés de dessins ou
sujets en émail.

Reprenons le cours du seizième siècle pour parler
d'une espèce de verres dont l'usage a donné lieu à certaines controverses, ce sont les verres très-allongés et

coniques destinés à contenir le vin mousseux. Nous donnons (fig. 30) deux de ces récipients; le premier, entièrement couvert de reticelli de latticinio, mesure 0^m,272 de hauteur; le second, un verre uni porté sur un pied compliqué à colorations diverses, n'a que 0^m,240, ce qui implique encore l'abondance du liquide qu'il devait contenir et le cas que devait en faire le buveur. Or, il s'agit maintenant de savoir si, au seizième siècle, on avait imaginé déjà de faire fermenter le vin en bouteille ou de fabriquer des boissons gazeuses qui eussent exigé l'emploi de ces récipients élancés. Nous n'avons pas heureusement à chercher bien loin : en ouvrant l'ouvrage de Contaut d'Orville intitulé *Précis d'une histoire générale de la vie des Français*, page 66, nous lisons : « Au seizième siècle le vin d'Ay était si renommé, que l'empereur Charles-Quint, le pape Léon X, et le roi François Ier et Henri VIII roi d'Angleterre, recherchaient ce vin comme un vrai nectar; et c'est de tradition reçue dans la province, que chacun de ces grands souverains avait acheté à Ay un clos avec une petite maison, où il avait un vigneron à gages qui, tous les ans, envoyait une provision de ce bon vin. » Il est donc démontré que le vin de champagne était déjà en vogue au moment de la confection de ces jolis verres et aucun doute ne peut naître sur leur usage et leur authenticité.

DES VERRES DE FABRICATION FRANÇAISE

Longtemps l'habitude d'attribuer à Venise les plus élégantes verreries a fait négliger la recherche des produits français pouvant se rapprocher des œuvres de Murano; tout récemment la réaction s'est faite; on a voulu savoir si la part de notre industrie n'avait point été réduite au profit des usines étrangères et bientôt, en

Fig. 30. — Verre français du seizième siècle.

effet, on a vu surgir, en assez grand nombre, des verres dont les légendes et les emblèmes affirmaient l'origine française.

Voici (fig. 31) un verre qui se trouve en Angleterre,

Fig. 31. — Verres (cristallerie de Clichy).

dans la collection de M. Félix Slade et qui est l'un des plus remarquables que l'on puisse citer; sur son pourtour on voit un seigneur portant le costume de l'époque de Henri II; il tient à la main un bouquet qu'il offre à une dame, et pour exprimer sa pensée on a écrit sur

une bandelette JE SVIS A VOVS. Pour répondre à
cette courtoisie, la dame tient un cœur cadenassé portant ces mots : MÔ CŒVR AVES'. Plus loin se trouve
un bouc, armes parlantes qui se trouvent expliquées
parune légende circulaire émaillée au pourtour du
récipient : JE SUIS A VOVS-JEHAN BOVCAV ET
ANTOINETTE BOVC. Nous ne citerons pas tous les
beaux verres mentionnés ou figurés par M. Benjamin
Fillon dans son *Étude sur l'ancienneté de la fabrication du verre en Poitou;* nous renverrons le lecteur à ce
curieux travail; nous nous contenterons de rappeler
qu'il existait dans la précieuse collection de M. de
Nieuwerkerque un calice en verre émaillé portant le
Christ en croix, travail évidemment français, car l'emploi
du verre pour les vases sacrés est formellement interdit
par la displine ecclésiastique romaine.

Nous mentionnerons encore un charmant spécimen
appartenant à M. le baron Davillier; sur son récipient
largement ouvert figure un buste de femme de profil;
au côté opposé est une armoirie d'azur au chevron d'argent qui paraît être d'Azerol, avec la légende : *sur toute
chouse.* Le pied s'évase sur un nœud bien proportionné.

Tout ce qui favorise les recherches d'histoire est bon
à recueillir; on ne s'étonnera donc pas si nous allons
chercher dans Rabelais un vieux proverbe qui dit :
« Toujours souvient à Robelin de ses flûtes. » Quelles
sont les flûtes dont il s'agit? Leduchat va nous l'apprendre; ce proverbe vient, dit-il, « de ce qu'un bon ivrogne,
accoutumé de boire dans de grands verres, appelés
flûtes, n'osant plus, à cause de la goutte, boire son vin
que trempé, se rappelait toujours ses flûtes. »

C'est sans doute de là qu'est venu le verbe *flûter,*
mot de fort mauvais ton d'ailleurs, pour signifier bien
boire.

Mais laissons le passé, ses vieux mots et ses vieux usages ; aujourd'hui personne n'aurait l'idée de faire émailler à grands frais des verres pour son service personnel ; la fabrication s'est unifiée pour satisfaire à tous les besoins, et si l'on fait graver et dorer son chiffre, c'est la seule différence qu'il soit possible d'introduire dans l'emploi de la verrerie moderne ; il est vrai qu'elle a substitué au verre jaunâtre, rempli de stries et de bulles, le cristal liquide et léger ; il est vrai encore, comme on peut le voir par la fig. 29, qu'elle a cherché une certaine élégance dans les formes ; mais entre cette perfection relative et l'art proprement dit il y a une incommensurable distance, et l'on ne saurait s'empêcher de regretter, sinon le progrès qui vise à l'utile et au luxe moyen, au moins ces initiatives particulières qui permettaient à l'industrie de multiplier ses efforts et d'arriver aux plus merveilleuses conceptions en cherchant à satisfaire de généreux caprices.

VII

DE LA DORURE SUR VERRE ET DU VERRE SABLÉ D'OR

L'application de l'or sur certaines parties extérieures du verre fut peut-être connue et même pratiquée par les anciens qui savaient, chose bien plus difficile, mêler l'or au verre; voici le mode employé de nos jours pour ce travail, mode qui, à peu de différence près, doit être celui dont on se servait autrefois.

Pour apposer un décor doré sur le verre, on fait dissoudre une certaine quantité d'or dans l'eau régale, on précipite cette dissolution soit par la potasse, soit mieux encore par le sulfate de protoxyde de fer, on passe au filtre le précipité; et une fois mêlé avec une très-petite partie de bórax calciné, on le réduit en pâte au moyen de l'essence de térébenthine.

Cette pâte s'applique sur le verre au moyen du pinceau, puis on expose la pièce au feu du moufle qui, par sa température, volatilise l'essence de térébenthine et vitrifie le borax.

L'or ainsi solidement fixé sur le verre, on lui donne le bruni (partie polie et brillante) au moyen d'un polissoir de sanguine, auquel succède un brunissoir en agate.

Ce mode de dorure est, au surplus, identique à celui
employé pour la porcelaine.

Parlons maintenant d'un autre mode de travail très-
rare et beaucoup plus difficile à expliquer.

On voit fig. 32, un pot à anse, de fabrique vénitienne,

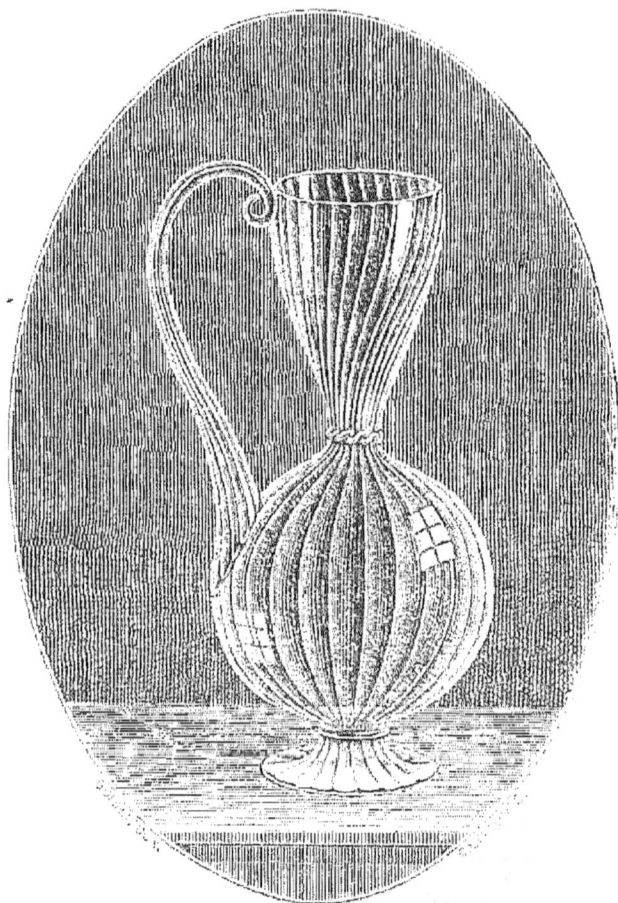

Fig. 32. — Verrerie vénitienne sablée d'or.

dont le verre est décoré de parcelles d'or intérieures.

Ce genre de travail, très-exceptionnel, a longtemps
préoccupé l'esprit des savants les plus compétents dans
la matière; et, au moment où nous écrivons ces lignes,
le doute existe encore : car, suivant les uns, l'or aurait
été mêlé à la pâte vitreuse alors qu'elle était encore dans

le creuset, tandis que, suivant les autres, l'or en poudre n'aurait été répandu sur le verre qu'au moment de la paraison.

Puisque le champ des suppositions est encore ouvert, qu'il nous soit permis d'émettre la nôtre en insistant sur un point qui, suivant nous, n'a pas été assez remarqué; nous voulons parler du poli parfait de la surface du vase.

Si l'on admettait que l'or avait été fixé par adhérence sur le verre encore malléable, il en résulterait, sinon des aspérités appréciables au toucher, du moins une apparence de décor extérieur; loin de là, l'or en poussière semble être situé dans des couches profondes. Or deux moyens différents peuvent conduire à ce résultat. Que l'on sème la poudre d'or sur la masse du verre au moment de sa paraison ou qu'on tourne cette masse sur le marbre couvert de cette poudre, elle parsèmera la surface de la pièce, il ne s'agira plus que d'enfermer ce décor entre deux couches de verre, ce qui s'obtiendra facilement en appliquant une couverte de verre incolore très-mince au moyen d'une seconde paraison.

Les Vénitiens ont d'ailleurs semé la poudre d'or sur des pièces de tous genres et avec un talent remarquable, réservant certaines parties ou multipliant l'or à volonté. Ils ont même semé d'or des vases en verre bleu renfermant en outre des millefiori parfaitement purs.

VIII

DE LA TAILLE ET DE LA GRAVURE DU CRISTAL ET DU VERRE MOULÉ

Nous avons vu précédemment (p. 79) que l'art de mouler, de tailler et de graver le cristal remonte à une époque très-reculée, car Pline (liv. XXXVI ch. LXVI) nous apprend que « tantôt on souffle le verre, tantôt on le façonne *au four*, tantôt on le cisèle comme l'argent. »

I. — TAILLE DU CRISTAL ET DU VERRE

Laissant l'antiquité et ses rares produits, nous allons, traversant les siècles, arriver à notre époque et voir quels sont les procédés employés de nos jours.

La taille des cristaux et du verre a généralement pour objet d'obtenir des ornements en relief; elle s'effectue au moyen de quatre meules verticales qui, successivement employées, sont mises en jeu soit par le pied de l'ouvrier, soit par un moteur à vapeur.

La première de ces meules est en fer, la seconde en grès, la troisième en bois et la quatrième en liége.

Sur la roue en fer, mise en mouvement, l'ouvrier jette

de temps en temps du sable qui est humecté au moyen
d'un sabot ou d'un petit baquet en bois placé au-dessus
de la roue et laissant tomber l'eau goutte à goutte sur le
sable.

Ce travail de *dégrossissage* étant terminé, on substitue
à la roue en fer la meule en grès, dont le travail moins
dur donne à la taille un degré de perfection de plus.
Puis vient la roue en bois, sur laquelle on jette, à tour
de rôle, les boues du sable pulvérisé par les deux précédentes opérations, de l'émeri[1] de plus en plus fin, et
enfin de la potée d'étain[2].

Le travail se termine soit au moyen de la même meule
en bois saupoudrée de potée d'étain sèche, recouverte
d'une étoffe de laine, soit par l'emploi d'une dernière
roue en liége.

La taille du cristal ou du verre s'obtient donc en l'u-
sant soit sur les faces planes et latérales, soit sur la partie cylindrique, soit enfin sur les arêtes des roues mises
en mouvement.

Ce système de décoration demandant, comme on le
voit, un assez long travail et une certaine perte de matière, les verres taillés ne pouvaient être vendus qu'à
des prix assez élevés, lorsqu'un simple ouvrier introdui-
sit une transformation complète dans cette partie de la
cristallerie en inventant le moulage.

Employé à la cristallerie de Baccarat, ce jeune ouvrier
souffleur, nommé Robinet, malade de la poitrine, sentant
ses forces diminuer, et craignant de perdre son état, inventa une pompe qui remplace, et bien au delà, la force
humaine. Cette invention, qui date de 1821, consiste en
un petit cylindre en fer-blanc ou en laiton, de 34 à

1. Ce minéral, principalement composé d'alumine, tire son nom
du cap Émeri (île de Naxos), d'où l'on en tire des quantités considé-
rables.
2. La potée d'étain est un mélange d'oxydes de plomb et d'étain.

Fig. 33. — Verre de Bohême.

40 centimètres de long sur 6 à 8 de diamètre, fermé par un bout. Dans l'intérieur du cylindre se trouve un ressort à boudin en fer; à sa partie inférieure est un piston en bois avec ouverture centrale garnie de cuir, et retenue par une fermeture à baïonnette. L'embouchure de la canne étant ainsi mise en contact avec le piston, on comprime par une brusque pression l'air qui, contenu dans le cylindre et sortant avec force, force la matière à pénétrer dans toutes les anfractuosités du moule.

C'est par ce moyen expéditif et peu coûteux qu'on produit à très-bas prix des carafes, des verres, etc., dont le décor consiste généralement soit en côtes de melon, soit en quadrillé. Ces verres, quoique moulés, peuvent être repassés par le tailleur de cristal.

Cette invention, désignée aujourd'hui sous le nom de pompe Robinet, est doublement précieuse au point de vue de l'humanité et de l'industrie; elle a valu à son auteur une médaille d'or décernée par la Société d'encouragement et une pension assurée par l'administration de Baccarat.

II. — GRAVURE DU CRISTAL ET DU VERRE

Quoique la gravure sur verre ait un résultat identiquement opposé à la taille, puisque la première se fait en creux, tandis que la seconde ne produit généralement, comme nous venons de le dire, que des ornements en relief, les moyens d'exécution offrent cependant une assez grande analogie, car l'une et l'autre s'exécutent à l'aide du tour avec certaines différences que nous allons mentionner.

Au lieu des roues qui, dans la taille, usent le verre, la gravure s'obtient à l'aide d'une broche qui, terminée soit par une pointe d'acier trempé, soit par un silex, est adaptée à une espèce de barillet mû par un tour. Une fois le mouvement de rotation donné, l'ouvrier prend

l'objet qu'il veut graver, et suivant les contours du dessin légèrement tracé, il appuie plus ou moins le verre
sur la pointe de la broche, selon que la gravure doit être
plus ou moins profonde.

Les difficultés de ce travail, qui, comme on le pense
bien, demande une grande légèreté de main unie à une
longue pratique, ne peuvent être appréciées que lorsqu'on
examine attentivement ces ouvrages sur lesquels l'artiste
est parvenu à graver d'une finesse irréprochable, et cela
sur un très-petit espace, les scènes les plus compliquées.

Nous croyons devoir rappeler ici ce que M. Labarte dit
sur cet art [1] :

« Dès le commencement du dix-septième siècle, certaines fabriques de verrerie de Bohême avaient donné des
vases d'une forme correcte, enrichis d'ornements, de sujets et surtout de portraits gravés.

« Des artistes distingués, en Allemagne et en Italie,
furent employés, malgré la fragilité de la matière, à décorer ces vases, à l'imitation de ceux en cristal de roche,
d'ornements, d'arabesques et de sujets en creux, remarquables par la composition, la pureté du dessin et le fini
de l'exécution. Ces jolies gravures auraient souvent mé-
rité d'être fixées sur une matière moins fragile (fig. 33). »

Tout en constatant ici que l'art de graver le verre a
été amené, comme travail de main, à un très-grand degré
de perfection par les artistes de Bohême, il faut reconnaître cependant que dans leurs plus belles productions
on trouve toujours une espèce de monotonie résultant, en
grande partie, de la multiplicité des motifs se pressant
les uns sur les autres, à tel point qu'on pourrait croire
qu'ils cherchaient à mettre le plus de gravure dans le
plus petit espace possible. Certes c'est là un talent relatif, mais le but de la gravure sur verre est tout autre.

---

1. Catalogue Debruge-Duménil, Introduction, p. 359.

Les artistes français, abandonnant les compositions de la Bohême, remplacent aujourd'hui les châteaux, les seigneurs, les paysans, les paysannes et leurs moutons microscopiques par des fleurs enlacées ; leurs compositions variées offrent, comme on peut s'en convaincre, des effets beaucoup plus gracieux, plus lumineux, qui en font pour ainsi dire un art nouveau. La figure 34 a été faite d'après une petite buire sortant de la cristallerie de Clichy ; elle prouvera sans doute ce que nous avançons.

Nous avons vu que, pour ce qui regarde les verres taillés, l'industrie trouva le moyen de les populariser au moyen d'un soufflage préalable ; eh bien, les verres gravés ont aussi leur imitation, et voici le moyen employé, tel qu'il est décrit par M. Péligot[1].

« On se sert, pour graver sur verre, de l'acide fluorhydrique à l'état gazeux ou à l'état liquide. Il est préférable de l'employer sous cette dernière forme.

« On prépare l'acide fluorhydrique par les procédés ordinaires, en chauffant dans une cornue de plomb une partie de fluorure de calcium pulvérisé et trois parties et demie d'acide sulfurique concentré ; on étend l'acide du tiers ou de la moitié de son volume d'eau, et on le conserve dans une bouteille de plomb ou mieux de gutta-percha.

« Le verre est enduit d'un vernis de cire et de térébenthine qu'on applique à chaud à l'aide d'un pinceau. Pour les dessins qui doivent offrir une certaine finesse, on se sert de l'huile de lin siccative.

« On trace le dessin avec une pointe, comme pour la gravure à l'eau-forte. La transparence du vernis à l'huile de lin permet facilement de le décalquer. On entoure la partie enduite de vernis d'un bourrelet en cire, et on fait

_____

1. *Douze leçons sur l'art de la verrerie*, p. 19.

mordre l'acide sur le verre pendant un temps plus ou
moins long, selon la profondeur des tailles qu'on veut
obtenir. On lave à l'eau, puis à l'essence ou à l'alcool
pour enlever le vernis.

Fig. 11. — Buire genre cristallerie de Clichy.

« On comprend que le verre n'est attaqué que dans les
parties qui ont été découvertes par le burin. »

Comme il est impossible, quels que soient les soins
apportés dans cette opération chimique, que toutes les
parties mordues par l'acide aient la netteté de trait donnée
par la pointe de l'outil, il sera toujours facile de distinguer l'œuvre due à la main de l'homme de celle sortant
de la roue.

IX

DES VERRES A DEUX COUCHES

Jusqu'à présent nous n'avons parlé que du verre ou du cristal d'une seule couleur.

Là ne s'était pas arrêtée l'industrie des anciens ; non contents d'être arrivés à produire les pierres précieuses factices monochromes, ils étaient encore parvenus à imiter une des œuvres les plus rares de la création, l'agate onyx, qui, comme on sait, est une pierre à deux ou trois couches de couleurs diverses.

La collection du Louvre possède plusieurs splendides objets de ce travail extrêmement rare.

Disons d'abord un mot sur le mode employé pour obtenir des verres à deux couches distinctes.

Si, par exemple, un verrier veut obtenir un vase quelconque à raies alternées blanches et rouges, il commence par prendre au bout de sa canne une petite quantité de verre blanc qu'il pare sur le marbre. Cette paraison faite, il trempe alors le verre blanc dans un creuset contenant du verre rouge en fusion ; ce second verre, en couche assez mince, étant ainsi superposé sur le premier, l'ou-, vrier souffle l'objet et lui donne la forme voulue.

Pour faire reparaître, en partie, le verre blanc qui se trouve totalement caché par le verre rouge, il ne s'agit plus que d'employer un procédé analogue à celui décrit pour la gravure, c'est-à-dire d'*enlever* certains endroits de la couche de verre supérieur, afin de faire reparaître celle qui est dessous. La ressemblance de ces deux travaux est telle, que l'une et l'autre de ces industries se servent exactement des trois mêmes modes, le silex, la roue, et l'acide fluorhydrique.

Nous ne saurions mieux clore ce qui concerne les verres à deux couches, qu'en citant le merveilleux vase désigné par les archéologues successivement sous les noms de vase Barberini et de vase Portland (fig. 35).

Trouvé au seizième siècle dans un sarcophage en marbre des environs de Rome, ce vase, après avoir été pendant plus de deux siècles le principal ornement de la galerie des princes Barberini à Rome, fut adjugé en vente à la duchesse de Portland au prix de quarante-six mille huit cents francs.

Quoique légitime propriétaire de ce chef-d'œuvre, la duchesse, qui ne se reconnaissait sans doute pas le droit de cacher à l'admiration publique un objet sans analogue, prêta ce vase au Musée britannique où il est encore aujourd'hui. Peu s'en fallut cependant qu'un jour il n'en restât plus que le souvenir. Un fou nommé Lloyd le brisa en morceaux d'un coup de canne; mais il fut réparé avec une telle habileté, qu'il est impossible de distinguer le joint des nombreuses fractures.

Ce vase unique, qui est présumé de l'époque des Antonins (l'an 138 environ de J.-C.), se compose de deux couches de verre superposées. L'une (celle du fond) est bleu foncé, et l'autre blanc opaque, de telle sorte que les figures se détachent en blanc sur un fond bleu foncé.

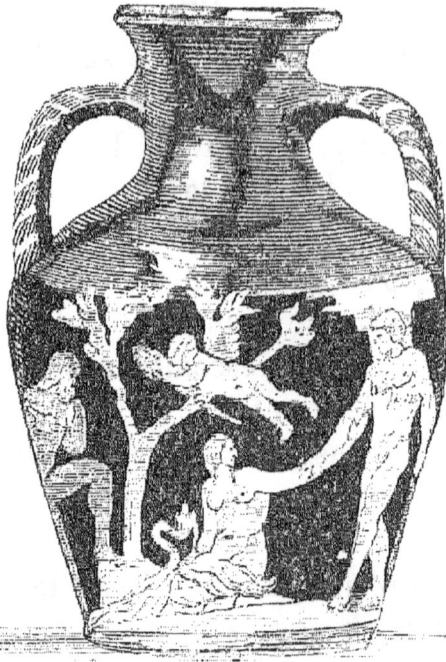

Fig. 35. — Vase Portland.

La superposition des deux couches imite à tel point l'onyx[1] que, pendant très-longtemps, les archéologues décrivirent ce vase comme étant un camée[2] ancien, tandis qu'il est bien reconnu aujourd'hui que ce n'est, comme nous venons de le dire, qu'un vase en verre à deux couches.

Si la matière est parfaitement connue, le sujet n'est pas aussi certain; voici comment l'explique Millingen dans ses *Monuments inédits*, (t. I, p. 27.).

« Le vase Portland représente (n° 1) le mariage de Thétis et Pélée. La femme assise, tenant un serpent dans sa main gauche, est Thétis, l'homme auquel elle donne la main droite est Pélée. Le serpent rappelle les différentes transformations au moyen desquelles elle comptait échapper au mariage. Le dieu placé devant Thétis est Neptune. Un Amour planant dans les airs réunit les deux époux : le portique derrière Pélée signifie probablement le palais de ce prince, ou bien le sanctuaire dans lequel Thétis recevait les honneurs divins.

« Sur le revers (n° 2) on voit encore Thétis assise, tenant un flambeau renversé, emblème du sommeil. L'homme assis à ses pieds est Pélée. L'autre figure, qui porte une lance, est la nymphe du mont Pélion, où la scène se passe. »

Sous la frise développée de la partie postérieure du vase, nous donnons un buste (n° 3), qui, placé sous le pied du vase, et omis par Millingen, représente Ganymède (?).

De chaque côté de ce buste sont reproduits (n° 4) les mascarons des anses.

---

1. Du grec *onux*, ongle. Espèce d'agate très-fine qui présente des couches parallèles de différentes couleurs, et dont la teinte laiteuse est d'un blanc couleur d'ongle.

2. De l'italien *cameo*, pierre composée de différentes couleurs et gravée en relief.

X

VERRE CRAQUELÉ

Le craquelage est un accident physique qui se produit sur les substances vitrifiables soumises à des variations brusques de température et dont, en céramique comme en verrerie, on a tiré parti pour décorer certaines surfaces en les couvrant de fendillures innombrables et entrecroisées imitant le réseau d'une toile d'araignée.

C'est en Italie surtout qu'on trouve le craquelage vrai appliqué au verre et, là, on a tiré de cette singularité le parti le plus élégant, le plus avantageux et le plus rationnel qu'il soit possible.

Pour bien le comprendre, il faut savoir qu'il existe trois procédés dans la verrerie pour arriver à des effets voisins, mais très-différents au fond.

Le premier, expliqué par M. Bontemps, consiste à prendre une masse de verre, à la préparer convenablement, et après l'avoir recouverte d'une couche légère en fusion, à plonger rapidement la canne dans l'eau; la couche extérieure se fendille en tous sens par suite du retrait violent de la matière.

Voilà le craquelage vrai tel que les Italiens l'ont appliqué à des coupes, à des verres, et à de petits seaux à anse supérieure mobile d'une extrême élégance; mais on se perd en conjectures pour savoir comment ils sont arrivés à produire cette coupe (fig. 36) conservée au musée du Louvre, où le verre craquelé s'unit, sans passage apparent, au pourtour incolore et mince d'un récipient largement ouvert, régulièrement godronné, relevé d'une

Fig. 36. — Verre craquelé vénitien, musée du Louvre.

large bordure dorée, et posé sur un pied à balustre moulé et doré.

Le second genre de craquelage (nous lui donnons ce nom, immérité pour nous mais conforme à l'usage) a été inventé en Bohême et il est appliqué en France par l'industrie moderne avec une regrettable profusion. Voici comment on l'obtient : un morceau de verre étant tiré du creuset, on le pare sur une table de fer ou de fonte sur laquelle on a répandu des morceaux de verre concassé ; ces fragments se fixent extérieurement sur la masse pâ-

teuse du verre qu'on réchauffe ensuite pour la parer de
nouveau et la souffler dans la forme voulue. Les morceaux
superposés étant moins fusibles que la masse à laquelle
ils adhèrent, conservent leurs aspérités après le réchauf-
fage de la pièce qui, ceci n'a pas besoin d'être expliqué,
reste entièrement lisse à l'intérieur.

L'aspect de ce verre représente assez bien la surface
d'une eau glacée agitée pendant sa cristallisation et devenue semi-opaque ; longtemps on a réservé au verre
blanc ce genre de travail en l'appliquant plus particulièrement aux carafes connues sous le nom de brocs à
glace. Il semblait y avoir une sorte d'harmonie entre le
contenant et le contenu ; l'enveloppe devenait l'étiquette
du liquide frappé. Mais, comme en matière de mode on
raisonne peu, on étendit bientôt le craquelage aux services de toilette, puis à une foule de choses d'usages
divers, on alla plus loin, et l'on étendit le verre concassé
sur des dessous roses, verts, lilas, jaunes, c'est-à-dire
que, pour deviner où le verrier avait cherché ses inspi-
rations, il fallait descendre d'un phénomène naturel à la
fabrication de la sucrerie vulgaire. Espérons qu'on re-
noncera bientôt à ces créations de mauvais goût.

Le troisième mode, employé en Bohême, et qu'on
pourrait appeler craquelé mosaïque, a du moins le mérite
d'une certaine recherche, et sous la main d'un artiste
habile il pourrait produire d'intéressantes compositions.

Au lieu de rouler le verre amorphe sur un semé de
verre concassé, comme dans le mode précédent, on souffle
l'objet à la forme voulue et lorsqu'il est presque terminé,
l'artiste, qui a devant lui des morceaux de verre concassé
de plusieurs couleurs, les place à la main et là où il
veut sur l'objet maintenu à l'état pâteux. Il dépend donc
de lui de varier le motif et la coloration des ornements
qu'il applique, et par conséquent d'imprimer à son travail un cachet d'élégance et de goût.

XI

VERRE FILÉ

Il fut un temps où la mode avait imposé aux ouvriers la fabrication de petites maisons, de bergeries, ornées de berger, bergère et moutons, et même de châteaux, entièrement construits en fils de verre de diverses couleurs. Ce genre de jouets plaisait fort aux enfants, malgré sa fragilité ; mais il a disparu si complétement qu'il serait plus facile aujourd'hui d'acheter une maison en pierre de taille que de mettre la main sur la plus petite maisonnette en verre.

Nous ne sommes pas, Dieu merci, de ceux qui pleurent sur toutes les choses tombées et qui se font les apologistes du passé ; mais nous croyons pouvoir dire que l'industrie du verre filé avait sa raison d'être, et qu'en des mains habiles, il pourrait donner des résultats d'un certain intérêt artistique.

Le verre filé est-il d'invention moderne ? Non ; le procédé n'est que la continuation d'une industrie déjà connue depuis longtemps, et tellement en honneur au commencement du seizième siècle, que Fugger, ce richissime banquier d'Augsbourg, qui, non content de chauffer

Charles-Quint, son hôte, avec des fagots de cannelle, les allumait encore avec la reconnaissance d'une très-forte somme que le souverain lui avait empruntée, ne trouva rien de plus rare, de plus digne d'être offert à son impérial visiteur, qu'un petit vaisseau en verre fondu, filé, coulé et tordu [1].

S'appuyant sur la grande similitude qui existe entre cette description et la nef que possède le Louvre (fig. 37), beaucoup seraient tentés de donner à ce vaisseau une provenance impériale, mais nous nous contenterons, après avoir constaté tout à la fois l'ancienneté du verre filé et l'estime qu'on en faisait alors, de passer de suite à son mode de fabrication.

Comme le souffleur de perles, qu'on trouve assis à sa petite table sur laquelle sont placés des tubes de verre ainsi qu'une lampe donnant un long jet de flamme, le fileur de verre se contente du plus simple outillage : et cependant le travail est tout différent : le premier produit de petites boules qui doivent devenir des perles rondes ovoïdes, tandis que le fileur doit obtenir d'un tube de verre un fil tout à la fois flexible et fin.

Pour arriver à ce résultat, voici le procédé employé. Le fileur ayant choisi un tube de verre, soit blanc, soit coloré, approche de la lampe l'une de ses extrémités. Dès que cette partie du tube commence à se ramollir, le fileur la saisit à l'aide d'une petite pince, et écartant les bras, il obtient, grâce à la ductilité du verre, un fil d'un mètre environ, adhérent d'un côté au tube principal, et de l'autre à la petite masse entraînée par la pince.

A cette dimension assez restreinte d'un mètre, s'arrêterait la longueur du verre filé, si l'industrie n'avait inventé un moyen artificiel qui permet d'obtenir une longueur, pour ainsi dire, indéterminée. Ce moyen consiste à fixer

1. *Revue britannique* de février 1833.

Fig. 37. — Verre filé, musée du Louvre.

l'extrémité du verre attenant à la pince à une roue en tôle qui, placée à peu de distance de la lampe est soumise à un mouvement rapide. Chauffé de nouveau, le tube principal, qu'on avance progressivement de la flamme, cède à son tour à la traction exercée sur lui, et bientôt ce fil fin, s'enroulant sur la roue, arrive, ainsi qu'on le verra tout à l'heure, à une longueur vraiment phénoménale. On nous demandera sans doute à quoi peuvent servir ces fils en verre? A une foule d'usages. De quoi étaient composées ces robes aux reflets chatoyants qu'on portait naguère? De soie et de fils de verre tissés ensemble. Et ces aigrettes qui ornaient les chapeaux des dames? Verre filé. Et ce couvre-chef aux boucles noires toujours ondoyantes, qui, porté par un prince en non-activité, faisait l'admiration de tout Paris? Perruque en verre filé et frisé au fer.

Bien des lecteurs s'étonneront que du verre puisse donner de tels produits. Mais que les incrédules aillent au Conservatoire des arts et métiers, et là, dans la salle destinée à la verrerie, ils verront un lion de grandeur naturelle au pelage splendide, à la crinière hérissée, étouffant un serpent[1]. Convaincus par leurs yeux, ils reconnaîtront alors que, dans les mains d'un homme habile, le verre filé peut produire des effets merveilleux non-seulement par sa finesse, mais encore par la richesse et la vérité de ses couleurs.

Voici, du reste, en quels termes le Dictionnaire des arts et manufactures parle de ce groupe et de son auteur. « Un très-habile émailleur de Saumur a fait une application excessivement intéressante des fils de verre filé, et s'en sert pour imiter le poil de la plupart des animaux. Il assortit leurs couleurs avec celles des peaux naturelles, et après avoir coupé les fils d'une longueur convenable, il les colle, par une de leurs extrémités sur une surface

---

1. Ce groupe, qui a coûté trente années de travail à M. Lambourg, son auteur, a fait partie de l'Exposition universelle de 1855.

solide en copiant la disposition de la peau qu'il veut imiter. J'ai vu chez lui des tigres, des hyènes rayés, des axis et autres animaux de grandeur naturelle, admirablement modelés et recouverts du *poil de verre* dont nous parlons.

« L'imitation est si parfaite, que ces animaux remplaceraient avec avantage les peaux empaillées, toujours altérées, qui encombrent nos cabinets. »

Si l'idée d'imiter le pelage naturel des animaux avec des fils de verre est une invention moderne, il n'en est certes pas ainsi des tissus en verre, car, on trouve dans les Mémoires de l'Académie des sciences (année 1713) un rapport du célèbre Réaumur[1], dans lequel il dit: « Si l'on parvient à faire des fils de verre aussi fins que sont les toiles d'araignées, on aura des fils de verre dont on pourra faire des tissus. »

Ce qui n'était qu'une possibilité éventuelle pour le savant est devenu une réalité. Grâce à l'industrie moderne, le verre, aujourd'hui, s'étire aussi fin, aussi souple que le fil le plus fin donné par le cocon du ver à soie.

Avant de terminer ce qui a rapport au verre filé, nous croyons indispensable de donner ici un exemple de l'extrême ductilité du verre et de rectifier une erreur propagée par beaucoup de personnes, qui nient qu'on puisse étirer un tube creux sans en détruire la perce. Nous empruntons la preuve au *Dictionnaire technologique des arts* (tome XXII, page 216). « Quand on étire un tube de verre creux, le trou se conserve, *quelle que soit la finesse du fil*. M. Deuchar a pris un morceau de tube de thermomètre, dont le diamètre intérieur était très-petit et l'a tiré en fils; la roue dont il s'est servi avait 3 pieds de circonférence, et comme elle faisait cinq cents tours

---

1. René-Antoine Ferchault de Réaumur, physicien et naturaliste, né à la Rochelle en 1683, mourut en 1757. Il avait été nommé membre de l'Académie des sciences dès 1708.

par minute, on obtenait 30000 mètres de fil par heure, en sorte que le fil était d'une finesse extrême, et que son diamètre intérieur était à peine calculable. Ce fil était creux, car étant coupé par morceaux d'un pouce et demi de longueur, et placé sur le récipient d'une machine pneumatique, un bout en dedans, l'autre en dehors, il laissa passer le mercure en petits filets brillants lorsqu'on fit le vide. »

Puisque nous venons de prononcer les mots thermomètre et tubes, voyons le plus succinctement possible comment on fabrique le tube d'un thermomètre, et par quel moyen on peut parvenir à y insérer le mercure ou l'alcool.

X

DU THERMOMÈTRE ET DE SON ORIGINE

Tout le monde sait que le thermomètre, ainsi que son nom l'indique[1], servant à mesurer les diverses variations de la température, se compose généralement d'un tube en verre cylindrique et vertical, d'un petit diamètre, ayant à l'intérieur une très-faible quantité soit de mercure, soit d'esprit-de-vin coloré au carmin, qui se dilatant par la chaleur ou se contractant par le froid, marquent les fluctuations successives de la température. Il est posé sur une plaque gravée de divisions égales qui, partant du zéro, point neutre entre la glace et la chaleur, sont au nombre de cent jusqu'au point où a lieu l'ébullition de l'eau; les degrés intermédiaires donnent les modifications subies par l'atmosphère.

Suivant M. Libri[2], l'invention du thermomètre serait due à Galilée[3]; suivant d'autres auteurs, à Fr. Bacon[4], ou

1. Du grec *thermos*, chaud, et *metron*, mesure.
2. *Histoire des sciences mathématiques en Italie*, t. IV, p. 189.
3. Galilée (Galileo Galilei), né à Pise en 1564, mort en 1642.
4. Bacon (François), né à Londres en 1561, mort en 1626.

à Fludd[1], ou à Drebbel[2], ou enfin à Sanctorius[3]. L'opinion la plus générale en fait honneur à Cornélius Drebbel, et cependant à cette longue suite d'inventeurs supposés, M. Hœfer[4] ajoute un nouveau compétiteur, van Helmont qui, suivant ce savant, aurait émis le premier l'idée de la construction d'un thermomètre. Voici ce qu'il dit à cet égard :

« Van Helmont, s'indignant de ce qu'un certain Heer lui reproche d'avoir poursuivi la chimère du mouvement perpétuel, dit qu'il s'était servi d'un instrument de sa propre invention, non pour chercher le mouvement perpétuel, mais pour constater que l'eau, renfermée dans une tige creuse de verre terminée par une boule, monte et descend, suivant la température du milieu ambiant. Cette idée, jetée au hasard, devait être un jour féconde en résultats. »

Si l'absence de preuves laisse encore indécis le nom de l'inventeur, on est plus heureux quant à la date de l'apparition du thermomètre, car on est généralement d'accord que le premier parut en Allemagne, en 1621, sous le nom de Cornelius Drebbel.

Le thermomètre alors en usage devait être, d'après les descriptions qu'on en possède, bien éloigné de la perfection à laquelle il est arrivé de nos jours.

Ces améliorations, ces perfectionnements successifs, nés de la marche toujours ascendante de la science, ont été racontés par M. Figuier[5] dans son livre des *Grandes inventions anciennes et modernes*.

1. Fludd (Robert), médecin, né à Milgate (comté de Kent), en 1574, mort en 1637.

2. Drebbel (Corneille van), né à Alckmaer (Hollande) en 1572, mort en 1634.

3. Sanctorius, nom latinisé de Santori, célèbre médecin, né à Capo-d'Istria en 1561, mort en 1536.

4. *Dictionnaire de chimie*, au mot THERMOMÈTRE.

5. Paris, Hachette, 1861, p. 151.

FABRICATION DES TUBES

Ainsi que tous les ouvrages en verre, les tubes se font
au moyen du souffle de l'ouvrier. Que le lecteur veuille
bien se reporter à la planche représentant un ouvrier
soufflant une boule (page 107), il aura l'idée précise du
premier travail employé pour la confection des tubes.

Dès que le souffleur a soufflé une boule de la grosseur

Fig. 38. — Étirage du verre.

voulue, un autre ouvrier vient coller son pointil à la partie opposée à celle adhérente à la canne du souffleur, et il
s'empresse de marcher à reculons tandis que le souffleur
reste en place. Grâce à la malléabilité et à la ductilité du
verre, ramolli par la chaleur, cette boule, suivant la traction qui lui est donnée, s'allonge à tel point que, de
boule qu'elle était tout à l'heure, elle devient un long
tube.

On comprend que la boule soufflée étant creuse à son
intérieur, le tube qui en résulte conserve à son centre une

cavité continue et égale, en rapport avec le diamètre qu'on donne au tube. (Voir ce que nous en disons à l'article *Verre filé*, page 169.)

Pour ne pas revenir sur ce sujet, et avant de nous occuper exclusivement des tubes destinés aux thermomètres, nous dirons que tous les tubes droits se font indistinctement de la même manière. Quant à la fabrication des tubes en spirale en usage dans la chimie, et qui affectent très-souvent la forme de serpentaux, ils s'obtiennent au moyen de cylindres en fonte autour desquels on les enroule lorsque le verre est malléable.

Voyons maintenant par quel moyen on peut charger soit de mercure, soit d'alcool, les tubes destinés aux thermomètres.

La capillarité[1] du tube, mais plus encore la résistance qu'offre l'air qu'il contient rendant impossible l'introduction directe soit du mercure, soit de l'alcool, on détruit cette résistance en chauffant, à l'aide d'une lampe à esprit-de-vin, le réservoir du tube[2] encore vide.

La presque totalité de l'air intérieur étant chassée par

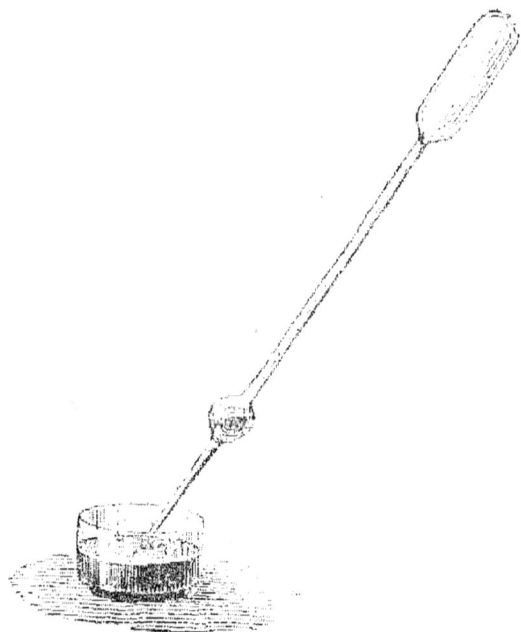

Fig. 32.

1. Par capillaire, du latin *capillarens*, on désigne un tube dont la percée intérieure ne dépasse pas la grosseur d'un cheveu.

2. Le réservoir, qu'il soit sphérique ou ovoïde, est une partie ajoutée au tube, après que ce dernier est fait.

cette première opération, on plonge alors l'extrémité ouverte du tube, opposée au réservoir, dans une masse de
mercure ou d'alcool, et bientôt, comme la force de l'air
atmosphérique est plus grande que celle du peu d'air qui
reste dans le tube, elle vient peser sur le mercure ou
l'alcool qui, par cette pression, s'élève dans le tube.

Dès qu'une quantité suffisante de mercure ou d'alcool
est entrée dans le tube, on le relève, et alors ne trouvant
plus de résistance, la matière tombe par son propre poids
dans le réservoir, qu'on chauffe de nouveau et assez pour
que sa vapeur mise en ébullition chasse complétement ce
qui pouvait rester d'air dans le tube.

Cette opération terminée, on ferme à la lampe la partie
ouverte du tube, et il ne s'agit plus que de le graduer.

GRADUATION DES TUBES

La place du point neutre dont il a été question plus
haut, et marquée sur le thermomètre par un zéro, se détermine au moyen de la glace fondante. Le tube est placé,
jusqu'à sa moitié, dans un récipient cylindrique rempli
de glace pilée (fig. 40).

Après qu'il y est resté un quart d'heure environ, on
trace, au moyen du diamant, une raie sur la place exacte
où le mercure ou l'alcool se sont arrêtés. Ce signe est le
zéro du thermomètre.

On comprend, sans que nous ayons besoin de le dire,
comment, par le moyen contraire, on gradue les degrés
de chaleur. On place le tube dans une étuve à vapeur
d'eau bouillante (fig. 41), et le point où le mercure s'arrête devient le centième degré de l'échelle thermomé-
trique.

Ce que nous venons de dire sur le thermomètre n'a eu
pour but que d'expliquer le mode de fabrication des tu-

les en général et de montrer l'importance relative du verre dans les sciences : nous ne pourrions que nous répéter en parlant du baromètre. Ajoutons toutefois qu'ici le tube n'est pas fermé à ses deux extrémités ; lorsque le

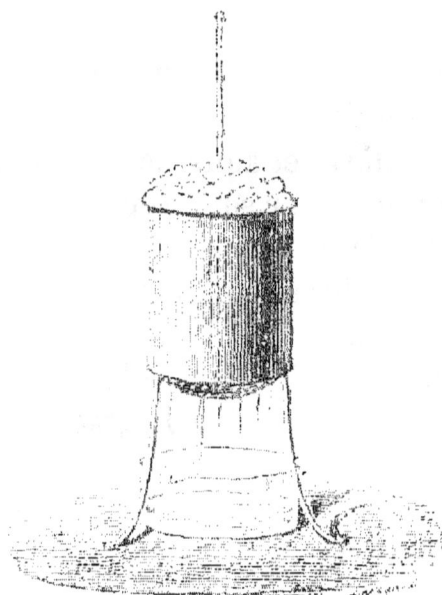

Fig. 40.

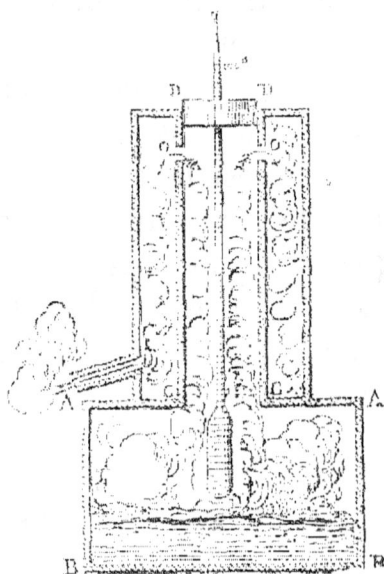

Fig. 41.

mercure bien expurgé a été introduit dans le cylindre privé d'air, on le fait redescendre dans la cuvette du réservoir, lequel communique avec l'air extérieur dont la pression plus ou moins grande détermine l'ascension du métal fluide.

XIII

DU JAIS OU JAYET

Il existe deux sortes de jais, ou jayet, l'un naturel, qui, classé dans la famille des lignites (charbon de terre), est d'un noir très-intense, à texture fine et serrée ; l'autre factice, qui, pris dans sa forme la plus ordinaire, est un petit tube cylindrique percé dans sa longueur, et n'est que le fragment d'un tube de verre noir, obtenu, selon M. Péligot, par un mélange d'oxyde de cuivre, de cobalt et de fer.

Quoique notre intention ne soit ici que de traiter du jais factice, le plus répandu aujourd'hui, nous croyons cependant devoir rappeler que, si le jais naturel est oublié, il a eu, lui aussi, son temps de gloire, car on doit se souvenir que c'est de sa matière qu'était formée la statue de Ménélas enlevée du temple d'Héliopolis et transportée à Rome sous le règne de Tibère.

Maintenant que nous avons payé notre dette à l'antiquité, examinons si la mode du jais factice, employé de nos jours avec tant de prodigalité à l'ornementation des robes, des manteaux et des chapeaux, est une conception nouvelle.

Voici ce que Savary écrivait en 1723 dans son *Dictionnaire universel du commerce* : « C'est avec le jais factice coupé et percé qu'on enfile dans la soie ou du fil, que l'on fait des broderies d'un assez bon goût mais très-chères, qui servent particulièrement aux ornements d'église. On en fait aussi des garnitures de petit deuil pour hommes et pour femmes, et quelquefois des manchons, des palatines et des *chamarrures de robes*. Pour ces derniers, le jais qu'on emploie à ces ouvrages est blanc et noir, mais de quelque couleur qu'il soit, il est d'un très-mauvais usé. »

On aurait tort d'arguer de ce passage que l'usage des broderies en jais ne remonte qu'à l'époque de Savary, car le dix-huitième siècle, tout aussi bien que le nôtre, ressuscitait les inventions des temps antérieurs. Un seul exemple entre mille le prouvera. Si nous ouvrons l'inventaire dressé après la mort de Gabrielle d'Estrées (1599), nous y trouverons la preuve que déjà le jais était de mode, car il est mention de « Cinq petits bonnets de satin noir dont deux en broderie de jetz, un tout plein — et d'une robe de satin noir en bordure de jetz partout le corps et les manches ouvertes, prisée quarante écus. »

— Qu'importe l'époque première de cette mode dont nous avons doté l'Europe entière, nous dira quelque marchand breveté ! ne suffit-il pas à notre gloire qu'elle soit d'origine française?

Eh bien, erreur encore, car non-seulement sa naissance ne date pas plus du seizième siècle que du dix-huitième, mais elle n'est pas plus française qu'anglaise ou allemande, et pour découvrir sa véritable origine, il nous faut remonter à l'antique Égypte des pharaons.

Pour se convaincre de cette vérité, qu'on jette un regard sur les somptuosités du musée égyptien au Louvre, qu'on examine soit les objets eux-mêmes, soit ceux qui sont peints sur les sarcophages, et l'on y trouvera des

colliers, des pectoraux et autres objets d'ornementation,
un grand nombre de petits cylindres en terre émaillée, ou
en verrecoloré, travaillés de la même manière que notre

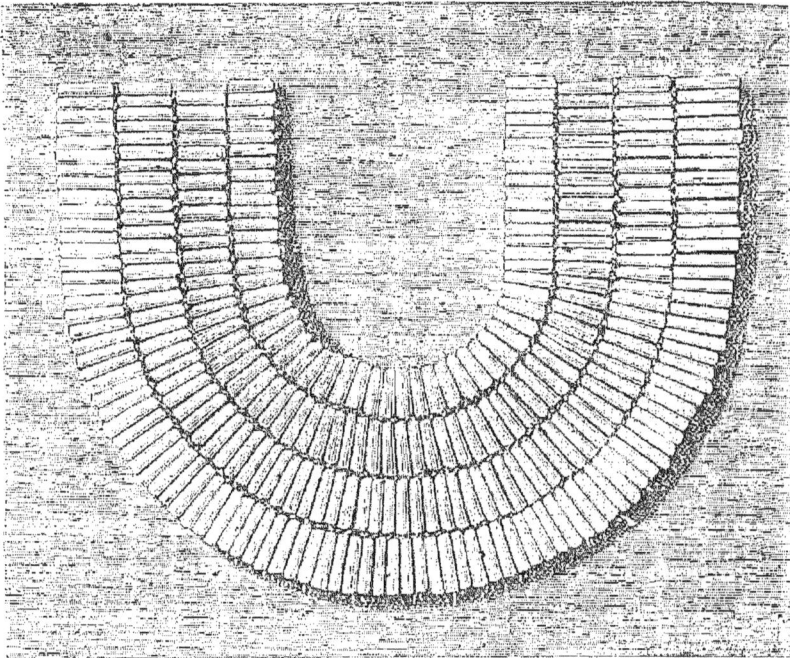

Fig. 52. — Pectoral égyptien, musée du Louvre.

jais et ayant sur lui l'avantage de la diversion des couleurs; ils mettaient ainsi à la disposition des dames égyp-
tiennes une véritable palette, leur permettant d'arriver aux
dispositions les plus élégantes et les plus variées.

XIV

DES GRAINS DE COLLIERS, BRACELETS ET CHAPELETS

La fabrication des grains de colliers, bracelets et chapelets, tout en présentant une très-grande analogie avec
celle du jais, en ce sens qu'ils sont, les uns et les autres, le produit de tubes de verre incolore ou coloré percé
à leur centre, diffère cependant en cela, que, si les uns
sont de simples tubes oblongs, les autres doivent, non-
seulement recevoir une forme sphéroïdale, mais présenter encore une bien plus grande solidité, surtout lorsqu'il s'agit des grains employés à la confection des chapelets et des bracelets.

Les tubes, d'un diamètre proportionné à celui des
grains que l'on veut obtenir, d'abord coupés en cylindres
d'une hauteur égale à leur diamètre, sont introduits dans
un tambour de fer battu, pyriforme, contenant un mélange de plâtre et de graphite ou de poussière de charbon de bois mêlé d'argile. Le tambour étant placé sur un
fourneau, l'ouvrier lui imprime, à l'aide d'un axe de fer
qui le traverse, un mouvement de rotation continu, en
sorte que les tubes ramollis par la chaleur perdent, par

suite des frottements réitérés qu'ils se communiquent, les angles tranchants de la coupure, pour prendre la forme sphérique.

Le rôle du plâtre et du charbon dans ce travail est d'éviter qu'au moment du ramollissement du verre, les tubes frottés les uns contre les autres ne se soudent ensemble.

Une fois refroidis, les tubes sont retirés du tambour et tamisés afin d'extraire de leur perce les matières pulvérulentes qui s'y étaient introduites.

A cette opération succède celle du polissage, qui s'obtient en secouant les grains d'abord dans un sac rempli de sable, puis dans un autre contenant du son. Le mouvement qu'on leur imprime suffit pour leur rendre l'éclat qu'ils avaient perdu par l'opération de l'arrondissage. Paris et surtout Venise sont les villes où cette industrie est principalement cultivée.

XV

DE LA COLORATION DU VERRE ET DU CRISTAL

La différence existant entre les verres colorés dans la masse et ceux incolores soufflés en cylindre pour vitrages, dont nous avons précédemment parlé (page 68), consiste en deux choses : les premiers ne contiennent pas de sulfate de soude, et ils sont additionnés de divers oxydes métalliques qui leur donnent la couleur.

S'il y a déjà une certaine difficulté à trouver une formule chimique pour chacune des couleurs-mères, l'impossibilité arrive lors qu'il s'agit de décrire les innombrables nuances que donne chaque oxyde selon qu'il est employé en plus ou moins grande quantité.

C'est donc à raison de cette impossibilité que nous nous bornerons ici à indiquer le nom du minéral constitutif des couleurs-mères, sans énumérer les formules diverses de chacun de ses dérivés.

Le bleu indigo s'obtient par l'oxyde de cobalt; le bleu céleste par l'oxyde de cuivre; le vert, par un mélange d'oxyde de cuivre et de fer auquel on ajoute le bichromate de potasse; les diverses nuances de violet, par l'oxyde de manganèse; le pourpre ou rubis d'or, par

l'oxyde d'or;. le rouge, par le protoxyde de cuivre; le
jaune, par l'oxyde d'argent, l'oxyde d'urane ou le charbon; et enfin le noir, par les oxydes de cuivre, de fer et
de manganèse. L'art de la coloration du verre est le fruit
de longues études chimiques; aussi est-ce en déniant
cette science aux anciens que quelques auteurs avaient
prétendu que l'antiquité n'avait pu connaître le verre coloré. M. Boudet, auteur d'un excellent ouvrage sur l'art
de la verrerie en Égypte[1], nous apprend « que les prê-
tres de l'Égypte, sans cesse occupés d'expériences, ont
fait dans leur laboratoire particulier du verre compara-
ble au cristal de roche, et que, profitant de la propriété
qu'ils ont reconnue aux oxydes des substances métalliques, qu'ils tiraient principalement de l'Inde, de se vitrifier sous des couleurs différentes, ils ont conçu et exécuté
le projet d'imiter toutes les espèces de pierres précieuses
colorées, transparentes ou opaques que leur fournissait
le commerce du même pays. » Ce fait est aujourd'hui
démontré par les nombreuses pièces de nos musées.

Strabon[2] ne disait-il pas qu'on fabriquait de temps
immémorial en Égypte, et par des procédés secrets, des
verres très-beaux, très-transparents, des verres dont les
couleurs étaient celles de l'hyacinthe, du saphir, du rubis, etc., qu'un des souverains de ce pays était parvenu
à contrefaire la pierre précieuse nommée cyanus; que
Sésostris[3] avait fait couler ou sculpter en verre de couleur d'émeraude une statue qu'on voyait encore à Con-
stantinople sous le règne de Théodose; qu'il existait aussi
du temps d'Apion Plistonique[4], dans le labyrinthe d'É-

---

1. *Description de l'Égypte*, 2ᵉ édit., Panckouke, 1820, t. IX, p. 213.
2. Ce géographe grec, né à Damasée, en Cappadoce, l'an 50 avant
J. C., vécut longtemps en Égypte.
3. Sésostris ou Ramsès-Sésostris commença à régner en Égypte
vers 1643 ans avant J. C.
4. Grammairien né à Oasis, en Égypte, environ 40 ans avant J. C.

gypte, un colosse en verre; qu'on faisait enfin avec la scorie des métaux un verre noir qui ressemblait au jayet (voir page 177), substance, dit Pline, qu'on a mise en œuvre avant d'avoir imaginé de la remplacer par le verre.

« En faut-il davantage pour prouver que les Égyptiens sont les plus anciens fabricants de verre, et que, puisqu'ils imitaient les pierres précieuses, ils savaient préparer les oxydes sans lesquels ils n'auraient pu réussir à faire des verres colorés, des fausses pierres précieuses, et des émaux? »

L'imitation des pierres précieuses par le verre d'abord, puis par le cristal, remonte donc à une époque indéterminée, car nous trouvons cet art employé par les Égyptiens, non-seulement dans la couverte émaillée de leurs innombrables scarabées, ainsi que dans celle de leur longue suite de statuettes, mais encore dans l'ornementation d'une foule de bijoux, tels que boucles d'oreilles, bracelets, où la pâte du verre coloré s'unit à l'or le plus pur.

Hérodote[1] (liv. II, ch. 69) nous dit : « Une partie des Égyptiens regarde les crocodiles comme des animaux sacrés. Ceux qui habitent aux environs de Thèbes et du lac Mœris ont pour eux beaucoup de vénération. Ils en élèvent et instruisent un à se laisser toucher à la main. On lui met des pendants d'oreilles d'or ou de pierre factice, et on lui attache aux pieds de devant de petites chaînes d'or. »

D'Égypte cette science arriva à Rome, car si Pline (liv. XXXVII, ch. 75) ne nous indique pas le procédé employé pour la fabrication, il constate l'habileté extraordinaire à laquelle les faussaires étaient arrivés de son

---

1. Hérodote, qui mérita le surnom de *Père de l'histoire*, naquit à Halicarnasse, l'an 484 avant J. C.

temps : « Il est fort difficile de discerner les pierres précieuses vraies des fausses, car on a trouvé le moyen de
transformer des pierreries vraies en fausses d'une autre
espèce. On fait des sardoines avec trois sortes de pierres
agglutinées, et cela de telle façon que la fraude ne peut
se découvrir ; le noir, le blanc, le vermillon qu'on accole
sont pris tous dans des pierres d'élite ; il y a même des
livres, qu'à la vérité je ne veux pas indiquer, dans lesquels est expliquée la manière de donner au cristal la
couleur de l'émeraude, ou d'autres pierres transparentes,
de faire une sardoine avec une sarde (variété d'agate) et
ainsi des autres. Il n'y a point, en effet, de fraude où
l'on gagne plus. »

Si, comme le dit Pline, les faussaires étaient passés
maîtres dans l'art de la contrefaçon, il paraît cependant
que leurs produits n'étaient pas tellement méconnaissa-
bles qu'un œil exercé ne pût découvrir la fraude. C'est
ce qui arriva à Cornelia Salonia, femme de l'empereur
Gallien, qui avait acheté à un lapidaire une splendide
parure de pierreries vendues comme vraies, et que l'on
reconnut être fausses.

A toutes les époques, tromper une souveraine fut un
cas pendable ; aussi Gallien condamna-t-il le marchand
à être livré aux lions, dans un de ces spectacles publics
qui plaisaient tant aux Romains. Au jour convenu, la
foule remplit le cirque. Bêtes et victimes étaient à leurs
postes. Enfin l'empereur apparaît et donne l'ordre d'ou-
vrir la cage des bêtes féroces. A peine est-elle entr'ouverte, qu'il s'en échappe.... un dindon qui, peu habitué
sans doute à l'honneur d'une si nombreuse compagnie,
ne sait quelle contenance tenir devant son souverain.

Après avoir ri de la stupéfaction générale, et surtout
de l'état piteux du lapidaire, dont la prostration était telle
qu'il ne pouvait même distinguer l'adversaire qu'il avait
devant lui, Gallien, qui par bonheur pour le faussaire

était dans un de ses jours de plaisanterie, fit proclamer par un curion (héraut) qu'il se croyait assez vengé du marchand, car si ce dernier l'avait trompé, il l'avait trompé à son tour[1].

L'industrie de la coloration du verre et du cristal a eu ses moments de vogue et d'oubli. Ne pouvant suivre pas à pas son introduction dans les autres pays, qu'il nous suffise de parler de celui qui, s'il ne fut pas le premier à l'exploiter, en conserva le plus longtemps le monopole ; il s'agit de la Bohême, qui l'exerça exclusivement jusqu'en 1837.

En effet, croirait-on que, jusqu'à cette année, encore si près de nous, l'opinion était tellement accréditée dans le public que la Bohême seule possédait le secret de la coloration, qu'il ne fallut rien moins que l'autorité scientifique du nom de M. Dumas, et l'appui de la Société d'encouragement pour renverser ce préjugé, en prouvant que l'inertie des fabricants français n'était que la conséquence naturelle d'une injuste prévention.

Cette même année (1837), un concours fut donc annoncé, concours d'autant plus nombreux que chacun des concurrents, plutôt guidé par l'amour-propre national que par l'espoir de remporter le prix proposé, n'avait qu'une seule pensée, celle de faire faire un pas de plus à cette science qu'on lui déniait, en unissant ses recherches à celles de ses rivaux.

Ce furent MM. de Fontenay et Bontemps qui obtinrent les prix.

Si les travaux présentés au concours témoignaient hautement que la France était déjà en droit de réclamer sa part de la découverte antique ; si le préjugé était détruit,

---

1. Nous ne savons d'où notre ami Sauzet a tiré cette anecdote, mais ce est apocryphe, au moins dans ses détails. Le dindon ne pouvait figurer dans les arènes de Gallien, puisqu'il n'a été connu en Europe qu'en 1524. — A. J.

les premières tentatives pratiques trouvèrent, il faut le reconnaître, d'assez grandes difficultés à surmonter, difficultés, du reste, qui étaient la conséquence naturelle de l'abandon de cette branche de l'art industriel français ; nous voulons parler de la petite quantité de substances colorantes qui, mises alors à la disposition des verriers, donnaient une certaine monotonie de coloration à nos produits. Cet inconvénient reconnu, il ne fut pas de longue durée, car la chimie, unissant ses travaux à ceux des verriers, sut bientôt leur livrer une telle quantité d'oxydes métalliques produisant des couleurs et des nuances différentes, qu'on peut dire aujourd'hui que la palette du verrier est aussi complète que celle du peintre.

Loin de nous certes l'idée de vouloir systématiquement élever l'industrie française au-dessus de celle de tous les autres pays, mais à l'Exposition universelle de 1867, on a pu se convaincre que, dans cette industrie comme dans toutes les autres, si la verrerie française a trouvé des rivaux, elle cherche encore qui la surpasse tant pour la pureté et l'éclat de ses couleurs, que pour l'élégance de ses produits.

XVI

DE LA COLORATION DES PIERRES PRÉCIEUSES
ARTIFICIELLES EN STRASS

La base des pierres précieuses artificielles est le strass, auquel, lorsqu'il est en fusion, on donne la coloration nécessaire par l'adjonction de certains oxydes métalliques, de l'or, de l'argent, du soufre, du charbon, etc.

Le strass, sorte de cristal très-riche en plomb, a été trouvé, vers le commencement du dix-neuvième siècle, par un artiste qui lui a donné son nom. D'après M. Dumas, il est ainsi composé :

Silice 38.2
Oxyde de plomb 53.0
Potasse. 7.8
Alumine, borax, acide arsénique. Traces.

Voici, d'après M. Péligot, les formules employées pour la fabrication des pierres précieuses factices le plus en usage.

Améthyste. — 1000 parties de strass et 25 d'oxyde de cobalt.

Aventurine. — On ignore l'étymologie de son nom. Suivant les uns, elle vint de sa ressemblance avec le quartz aventurine, et, suivant les autres, de l'heureuse maladresse d'un ouvrier qui laissa tomber par *aventure* un peu de limaille dans un creuset contenant du verre en fusion.

Malgré les diverses tentatives faites par plusieurs verriers français, nous devons reconnaître que, d'origine vénitienne, c'est encore aujourd'hui Venise qui possède le seul procédé, le seul tour de main plutôt, de la belle aventurine sans veines enfumées. A la tête de ces heureux verriers, nous devons citer le nom de M. Bigaglia.

Suivant M. Péligot, « l'aventurine est un verre jaunâtre, dans lequel se trouve disséminé une infinité de petits cristaux de cuivre, de protoxyde de cuivre ou de silicate de cet oxyde. Lorsqu'il est poli, ce verre offre, à la lumière surtout, un aspect chatoyant qui le fait employer dans la bijouterie. »

Depuis la publication des excellentes Leçons de M. Péligot, une découverte a été faite (1865) sur la matière qui nous occupe, par M. Pelouze. Ce savant formule ainsi la composition de l'aventurine dont il est l'auteur: 250 parties de sable, 100 de carbonate de soude, 50 de carbonate de chaux, et 40 de bichromate de potasse.

Émeraude. — 1000 parties de strass, 8 d'oxyde de cuivre, et 0,2 d'oxyde de chrome.

Rubis. — 1000 parties de strass, 40 de verre d'antimoine, 1 de pourpre de Cassius et un excédant d'or.

Saphir. — 1000 parties de strass et 25 d'oxyde de cobalt.

Topaze. — Même formule que pour le rubis, moins l'excédant d'or, et chauffée moins longtemps.

Après avoir indiqué les substances composant les principales pierres précieuses factices, il convient de parler du travail nécessaire pour la taille et le poli de ces pierres. Ces documents seront puisés dans l'*Art du lapidaire* de M. Lançon.

« On fend avec un marteau tranchant, en morceaux de la grosseur des pierres qu'on veut établir, les blocs de strass et autres compositions; on les arrange ensuite, pour les pierres à taille à *brillant* rond et ovale, pour celles à *roses*, *à dentelles* et à *huit pans* sur une plaque en tôle appelée *fondoir*, étendue sur le fond de tripoli réduit en poudre, ou d'une autre terre argileuse; pour les pierres plus grandes, on se sert d'un *fondoir* en terre réfractaire; on le dépose dans un petit fourneau chauffé avec du charbon ou du bois, ou sur un brasier que l'on entretient. La fusion commencée, on retire le fondoir, et les pierres sont arrondies ou plus faciles à tailler. Le lapidaire choisit celles qui jettent le plus d'éclat, qu'il cimente à des *bâtons*.

« On taille les pierres artificielles, auxquelles on donne indistinctement les tailles à brillants ronds ou ovales, à roses, en carrés, à dentelles, à huit pans, à chatons, etc., sur une roue de plomb, avec de l'émeri; le poli s'en fait sur une roue d'étain, avec du bon tripoli délayé dans de l'eau. La machine dont les lapidaires de Paris et ceux de Sepmoncel font usage pour tailler et polir les pierres précieuses et les pierres artificielles est composée d'une table à rebords, sur quatre pieds solidement assemblés. Elle est divisée transversalement par une petite cloison percée de trous perpendiculaires qui servent à recevoir les entes (bâtons), au bout desquelles on cimente les pierres que l'on veut tailler ou polir. La table, ainsi partagée, présente deux parties distinctes. Dans la partie qui est à gauche du lapidaire est une manivelle qui correspond à une grande roue de bois placée horizontalement sous la table, et qui, au moyen d'une corde qui passe sur la noix, fait tourner la roue qui est à droite du lapidaire, et sur laquelle il polit les pierres qui sont l'objet de son travail.

« La tige de fer qui est fixée perpendiculairement sur

la table reçoit une espèce d'étui de bois, hérissé de petites pointes de fer qui servent à assujettir solidement
l'ente que l'on tient de la main droite, et au moyen de
laquelle on appuie convenablement la pierre sur la
roue, qui est tantôt en plomb, tantôt d'étain, de cuivre
et même de bois, et sur laquelle on étend de l'émeri, du
tripoli, de la ponce, de la potée, suivant la nature et la
dureté des pierres que l'on veut tailler et polir. Lorsqu'il s'agit d'une taille soignée et d'une pierre de prix,
les lapidaires ne tiennent point les entes à la main ; ils
se servent d'un support assez compliqué appelé *cadran;*
il se fixe sur la tige, et il reçoit l'extrémité de ces petits
manches de bois. Le lapidaire est assis sur une chaise
ou sur un tabouret, sur le flanc, en face et au milieu du
moulin ; il tourne de la main gauche la manivelle, et de
l'autre il tient sa pierre sur la roue, pour tailler et pour
polir. »

XVII

VERRE FILIGRANÉ[1]

On désigne sous le nom de verres filigranés des verres ornés par l'assemblage d'un plus ou moins grand nombre de petites baguettes, soit de verre blanc opaque, désigné, à Venise, sous le nom de latticinio (blanc de lait), soit de verre qui, coloré dans la masse, est recouvert d'une légère couche de verre blanc.

Beaucoup de personnes attribuent l'invention des verres filigranés aux Vénitiens; nous croyons intéressant de citer ici une phrase de la lettre écrite de Rome, par l'abbé Barthélemy au comte de Caylus, le 25 décembre 1756[2], relativement à une fouille faite dans un ancien tombeau romain : « Je suis principalement content, dit-il, d'une petite boule de couleur jaune pâle, avec des faisceaux d'émail blanc rangés intérieurement et perpendiculairement autour de la circonférence. »

Si, comme les paroles du savant archéologue le dé-

1. Le mot filigrane dérive de *filum*, fil, et de *granum*, grain.
2. L'abbé J. J. Barthélemy, savant archéologue français, auteur de plusieurs ouvrages, parmi lesquels nous ne citerons que le *Voyage du jeune Anacharsis*, naquit en 1716, à Cassis (Provence), et mourut à Paris en 1795.

montrent assez, la priorité de l'invention des verres filigranés appartient encore à l'antiquité, il serait cependant injuste de dénier aux Vénitiens l'extension heureuse qu'ils ont donnée à ce mode d'ornementation, qui joue un rôle très-important dans leurs produits les plus estimés.

L'intérêt général qui s'attache à ce genre de fabrication entourée longtemps de mystère, et la difficulté qu'on éprouve à s'expliquer par quel procédé les verriers de Murano arrivaient à conserver sans altération et sans déformation aucune ces dessins si fins et si délicats, blancs ou colorés, placés au centre d'un verre incolore, nous font espérer que le lecteur voudra bien nous permettre de nous étendre un peu sur ce genre de fabrication si recherché et si rare aujourd'hui.

Avant d'expliquer par quel moyen on peut faire un vase ou tout autre objet de plusieurs petits tubes isolés, nous croyons indispensable d'établir ici la différence qui existe entre une canne, ou simple baguette, et un filigrane.

Par canne, les verriers de Murano désignaient un seul fil qui, placé au centre d'un verre incolore, allait du bas du vase à sa partie supérieure, ou du centre à la circonférence; tandis que le nom de filigrane s'appliquait aux cannes qui, ayant reçu une torsion, ont généralement une direction en spirale. Les mêmes verriers désignaient ce travail sous le nom de *canne ritorte* (cannes torses) ou sous celui de *ritorcimento* (torsinage).

FILIGRANES SIMPLES

Si nous supposons que le verrier veuille qu'un filet de verre de couleur se trouve placé à l'intérieur d'un verre incolore, il commence par tremper sa canne dans le creuset contenant le verre coloré, puis il roule ce qu'il

Fig. 44. — Vase vénitien.

en a retiré sur une plaque de fer ou de tôle, désignée sous le nom de *marbre*, afin de le faire adhérer à sa canne, tout en lui donnant la forme d'un petit fût de colonne.

Assez refroidi pour présenter une certaine résistance, ce verre de couleur, toujours attenant à la canne, est alors plongé dans un creuset contenant le verre incolore. Retiré du creuset et roulé à son tour sur le marbre, ce second verre enveloppe le premier et contracte avec lui une telle adhérence qu'ainsi réunis ils ne forment plus qu'un seul cylindre, mesurant de $0^m,06$ à $0^m,08$ de longueur sur $0^m,07$ à $0^m,08$ de diamètre.

Le principal mérite des cannes et des filigranes consistant dans la ténuité du fil, il s'agit maintenant d'étirer ce tronçon de verre de telle façon qu'il gagne en longueur ce qu'on va lui faire perdre en circonférence. Le tronçon ayant été réchauffé, un ouvrier colle un pointil (baguette en fer plein) à la partie du verre non adhérente à la canne, et marchant à reculons et en sens inverse de l'ouvrier qui tient la canne, il arrive, par un éloignement progressif, et grâce à la ductilité du verre, à obtenir de ce tronçon de verre qui, tout à l'heure, ne mesurait que $0^m,06$ de long sur $0^m,08$ de diamètre, un fil de 384 mètres de longueur, n'ayant plus qu'un millimètre de diamètre.

Si nous supposons, chose qui arrive très-souvent, que le fil ait un diamètre beaucoup moindre, la longueur déjà si grande de 384 mètres pourra être très-augmentée [1].

La baguette de verre arrivée à la ténuité voulue, l'ouvrier la brise en plusieurs parties égales de la grandeur de l'objet qu'il veut faire.

Le travail des filigranes torsinés offre naturellement beaucoup plus de difficultés que celle d'un simple fil

---

1. Pour la ténuité extrême à laquelle le verre peut arriver, nous renvoyons à l'article Verre filé, p. 164.

droit. Les dessins étant tout à fait arbitraires, et pouvant être variés à l'infini, nous ne parlerons que des principaux types.

M. Bontemps, ancien directeur de la cristallerie de Choisy-le-Roy, a publié le premier un important travail sur les procédés employés par les verriers de Murano dans la fabrication des verres filigranés. Voici ce qu'il en dit [1] :

« Pour obtenir des baguettes à fils en spirale rapprochés, qui, par leur aplatissement, produisent des réseaux à mailles égales, on garnit l'intérieur d'un moule cylindrique, en métal ou en terre à creusets, de baguettes de verre coloré, à filet simple, alternées avec des baguettes en verre transparent; puis le verrier prend au bout de sa canne du verre transparent dont il forme un cylindre massif qui puisse entrer dans le moule garni de ces petites baguettes, et chauffé préalablement un peu au-dessous de la chaleur rouge. En chauffant ce cylindre fortement, il l'introduit dans le moule, où il le refoule, de manière à presser les baguettes, qui adhèrent ainsi contre le verre transparent; il enlève la canne en retenant le moule, et entraîne ainsi les baguettes avec le cylindre; il chauffe encore et il *marbre* pour rendre l'adhérence plus complète; enfin, chauffant l'extrémité du cylindre, il tranche d'abord cette extrémité avec les fers, la chauffe de nouveau, la saisit avec une pincette, et la tire de longueur avec sa main droite, pendant que, de la main gauche, il fait tourner rapidement la main sur les *bardelles* (bras) de son banc. Pendant que l'extrémité de la colonne s'allonge, les filets de verre coloré s'enrou-

2. *Exposé des moyens employés pour la fabrication des verres filigranés.* N'oublions pas de mentionner ici que, joignant la pratique à la théorie, M. Bontemps fut le premier en France qui, de 1838 à 1839, ressuscita ce genre de travail, dont la tradition était tout à fait perdue.

lent en spirale autour d'elle. Quand l'ouvrier a amené à l'extrémité une baguette de la dimension voulue, environ 0m,006 de diamètre, et que les filets sont suffisamment enroulés, il tranche avec la pincette, chauffe de nouveau l'extrémité de la baguette, et, la saisissant et l'étirant pendant qu'il roule rapidement la canne, il procède ainsi à la production d'une nouvelle baguette, et ainsi de suite, jusqu'à ce que toute la colonne soit étirée. »

Les cannes représentées figure 44 ont été exécutées par ce procédé.

« Pour fabriquer des baguettes qui, par leur aplatissement, produisent des filets en quadrilles, on place dans le moule cylindrique, aux deux extrémités d'un seul diamètre, trois ou quatre baguettes de verre coloré à filet simple, alternées avec des baguettes en verre transparent; on garnit ensuite la capacité intérieure du moule de baguettes transparentes, afin de maintenir les baguettes à filets colorés dans leur position, et on opère comme pour les baguettes précédentes. »

Les baguettes représentées figure 44, nᵒˢ 1, 2, ont été obtenues par ce procédé.

« Pour obtenir des baguettes produisant, par leur aplatissement, des grains de chapelets, on fait une *paraison* soufflée dont on ouvre l'extrémité opposée à la canne, de manière à produire un petit cylindre ouvert; on l'aplatit, afin de ne donner passage qu'à des baguettes, et on introduit dans ce fourreau cinq ou six baguettes à filets simples, colorées, alternées avec des baguettes de verre transparent; on chauffe, on ferme l'extrémité opposée à la canne; puis l'ouvrier presse sur la *paraison* plate pendant qu'un aide aspire l'air de la canne, de manière à la faire sortir de la *paraison* et à produire un massif plat dans lequel sont logées les baguettes à filets. L'ouvrier rapporte successivement une petite masse de

verre chaud transparent sur chacune des parties plates
de sa paraison, et il *marbre* pour cylindrer sa masse. Il
obtient ainsi une petite colonne, dans l'intérieur de laquelle sont rangés, sur un même diamètre, les filets colorés; il procède ensuite comme pour les baguettes précédentes, en chauffant et étirant l'extrémité pendant
qu'il roule rapidement la canne sur les *bardelles*. Par ce
mouvement de torsion, la ligne des filets colorés se présente alternativement de face et de profil et produit des
grains de chapelet.

« On conçoit que les baguettes de verre coloré placées
au centre de la colonne, étant, par le mouvement de torsion, croisées les unes sur les autres, semblent présenter
comme un grain de chapelet formé de fils qui laissent
entre eux un espace incolore, ménagé par les baguettes
de verre transparent qui alternaient dans la *paraison*
avec les baguettes de verre coloré. »

La baguette représentée figure 44, n° 6, est le produit
de ce travail.

« Il arrive souvent que l'on combine les grains de chapelet avec les quadrilles des baguettes précédentes, en
se servant, pour introduire dans le moule préparé pour
les baguettes à quadrilles, du cylindre préparé pour les
grains de chapelet. »

La baguette représentée figure 44, n° 4, a été exécutée
par ce procédé.

« Quelquefois on ménage au centre d'une baguette un
filet en zigzag. Pour cela on prépare un premier cylindre
massif en verre transparent, de moitié du diamètre de
celui qu'on veut étirer, et on fait adhérer, parallèlement
à l'arête de ce cylindre, une petite colonne colorée; on
recouvre le tout d'une nouvelle couche de verre transparent pour produire un cylindre de la dimension voulue
pour entrer dans le moule des baguettes à filets. La petite colonne colorée, n'étant pas au centre du cylindre,

tournera en spirale autour de ce centre par le mouvement d'étirage et de torsion, et produira un zigzag par
l'aplatissement. »

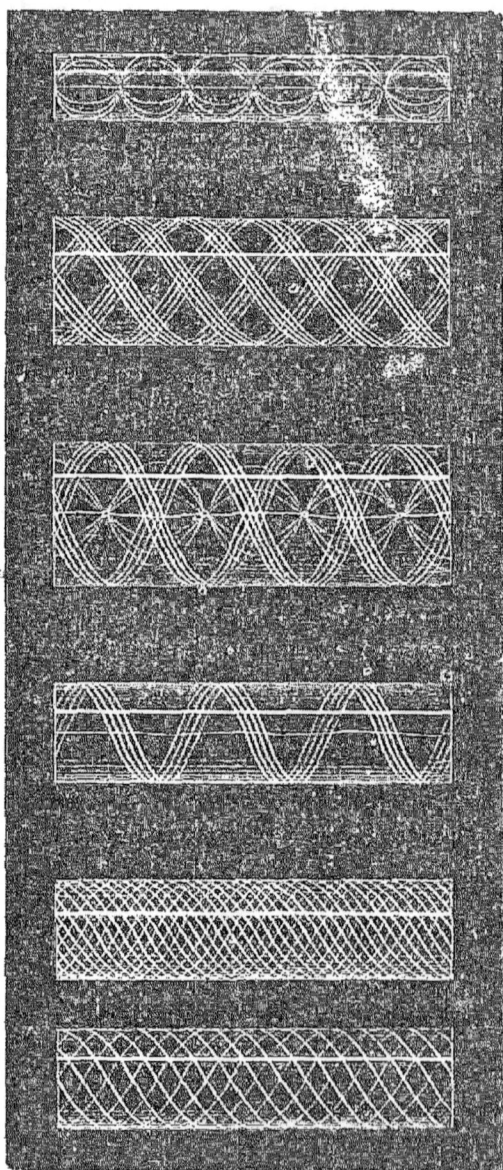

Fig. 44. — Specimens de cannes filigranées.

Les baguettes représentées figure 44, nos 3, 5, sont le
produit de ce travail.

Étudions maintenant le moyen que les Muratins ont dû employer dans la confection de leurs vases à dessins de couleur intérieurs, soit en simple latticinio, soit en filigrane ; et, puisque nous sommes en train de prendre le bien d'autrui, laissons la parole à un archéologue dont les travaux font autorité dans la science, à M. J. Labarte[1], qui décrit ainsi la fabrication d'un vase :

« Lorsque le verrier est en possession de baguettes de verre coloré, de baguettes à dessins filigraniques et de baguettes de verre transparent et incolore, il peut procéder ainsi à la fabrication de vases. Il range circulairement autour de la paroi intérieure d'un moule cylindrique en métal ou en terre à creusets, plus ou moins élevé, autant de baguettes qu'il lui en faut pour former un cercle qui recouvre exactement cette paroi. Ces baguettes sont fixées au fond du moule au moyen d'un peu de terre molle qu'il y a répandue. Il peut les choisir de plusieurs couleurs ou de plusieurs modèles, présentant autant de combinaisons filigraniques différentes ; il peut les alterner ou les espacer par des baguettes de verre blanc transparent et incolore. Les baguettes étant ainsi disposées sont chauffées auprès du four de verrerie, et lorsqu'elles sont susceptibles d'être touchées par du verre chaud, le verrier prend, avec la canne à souffler, un peu de verre transparent et incolore pour en faire une petite *paraison*, qu'il introduit dans l'espace vide formé par le cercle des baguettes qui couvrent la paroi du moule ; il souffle de nouveau pour faire adhérer les baguettes à la *paraison* et retire le tout du moule. L'aide verrier applique à l'instant sur les baguettes colorées ou filigranées, qui sont ainsi venues former la surface extérieure de cette masse cylindrique, un cordon de verre à l'état pâteux, afin de les fixer davantage sur la paraison. La pièce étant

---

1. Catalogue Debruge-Duménil, p. 352 et suiv.

ainsi disposée à l'extrémité de la canne à souffler, le verrier la porte à l'ouvreau du four pour la ramollir, en faire adhérer toutes les parties, et lui donner une élasticité capable de la faire céder facilement à l'action du soufflage; puis il la roule sur le *marbre*, et, lorsque les différentes baguettes, réunies par le soufflage et la fabrication, sont arrivées au point de constituer elles-mêmes une paraison dont toutes les parties sont compactes et homogènes, il tranche avec une sorte de pince, un peu au-dessus du fond, de manière à réunir les baguettes en un point central. La masse vitreuse ainsi obtenue est alors traitée par le verrier par les procédés ordinaires; et il en fabrique, à son gré, une aiguière, une coupe, un vase, un gobelet, où chaque baguette, soit colorée, soit à dessins filigraniques, vient former une bande. »

A force d'efforts persévérants, les filigranes français peuvent soutenir aujourd'hui la comparaison avec ceux qui étaient exécutés au seizième siècle à Venise; nous serions injuste si nous omettions ici le nom d'un de ses enfants, de M. Salviati, qui, certes, par la beauté de ses filigranes admirés à l'Exposition universelle de 1867, soutient on ne peut mieux l'ancienne renommée de la vieille république.

XVIII

MILLEFIORI

Voilà encore une de ces charmantes inventions dont les modernes ont abusé en les appliquant à des choses peu dignes. On appelle *millefiori* un travail de verre qui consiste à parsemer la surface d'une coupe ou d'un flacon de sections plus ou moins rapprochées de cannes vivement colorées à filets de diverses teintes. L'antiquité a connu cette pratique et l'on peut voir au musée du Louvre des coupes où les cannes ont été tellement rapprochées qu'elles ont confondu leurs parois imitant non plus un semé d'étoiles ou de fleurettes, mais les alvéoles d'une ruche.

Le plus fin travail de millefiori a été vu par nous sur un flacon à tabac d'origine chinoise. Sa surface était toute couverte, sur un fond bleu foncé, de petites cannes renfermant des filets excessivement ténus groupés en cercle autour d'un filet central plus gros; il en résultait un semé de marguerites microscopiques d'un délicieux effet. Dans la verrerie de Murano les sections de cannes sont parfois clairsemées et placées dans diverses inclinaisons, en sorte que l'on peut se rendre compte du mode de fabrication et que, d'ailleurs, l'aspect général est varié, certaines fleurs étant parfaitement circulaires et les autres ovales par la perspective.

Nous ne répéterons pas ici ce qu'on a vu plus haut pour les moyens à employer afin de disposer les sections de cannes dans l'intérieur d'une coupe ; nous insisterons sur l'habileté des artistes qui peuvent obtenir ainsi les effets les plus variés en employant les millefiori dans les verres incolores ou colorés, sur des parties de coupes à zones réservées, etc.; etc.

Il faut bien venir maintenant, dirons-nous, à l'usage ou à l'abus qu'ont fait les modernes des millefiori, en les spécialisant à ces boules disgracieuses servant de presse-papiers. Le procédé est bien simple ; on range, dans la cavité d'un disque en fonte, les petits tubes de verre qu'on veut emprisonner dans le verre, on applique par dessus une paraison de cristal qui les englue et les maintient ; alors on enlève le disque et on applique une seconde paraison du côté opposé à la première ; on réchauffe pour souder les deux paraisons et l'on donne la forme hémisphérique au moyen d'une spatule concave en bois mouillé ; il ne reste plus alors qu'à recuire la pièce et à faire polir à la roue.

On pourrait croire que le mauvais goût n'a pas été au delà de cet emploi futile d'un procédé intéressant : erreur ! La boule presse-papier étant trouvée, on a imaginé d'y insérer les choses les plus diverses : des bouquets de fleurs artificielles, des montres, des baromètres, que sais-je ? Du reste, entrée dans cette voie, la bizarre imagination des fabricants pouvait se donner carrière, car il ne s'agit pas là d'un travail de verre, mais d'un simple encadrement.

En effet, qu'on examine ces objets dans les foires où ils abondent, on verra que le disque inférieur est formé par un obturateur recouvert en drap et que le reste est un sphéroïde creux dans lequel on peut, dès lors, introduire tout objet qui ne dépasse pas sa capacité.

Revenons au travail vrai du verre pour parler de ces presse-papiers qui, comme certains gobelets, renferment des médaillons à portraits, généralement d'une couleur jaunâtre; ces profils sont faits en terre réfractaire et peuvent ainsi se prêter au ramollissement de leur enveloppe sans éprouver aucune déformation. Ceux de couleur blanche et argentine sont faits avec une poudre impalpable de pâte de porcelaine cimentée avec du plâtre.

Nous voilà bien loin des millefiori et conduits, presque à notre insu, à parler d'un genre particulier de décor appelé du nom moderne et singulier de *verre iglomisé*. C'est vers le bas empire romain que ce verre a été le plus en vogue; on appliquait au fond des coupes une feuille d'or sur laquelle l'artiste traçait à la pointe, avec les procédés de la gravure, des portraits, des groupes et des sujets sacrés; une seconde couche de verre recouvrait ce travail, qui devenait inaltérable; on trouve dans les catacombes une foule de fonds de verres incrustés dans les tombes chrétiennes et qui sont considérés comme indice du martyre. Un livre spécial a été consacré à leur description.

Le moyen âge, à son tour, a fixé entre deux couches de verre des sujets saints exécutés par la même méthode.

XIX

CYLINDRES — VERRES DE MONTRES ET DE PENDULES

CYLINDRES

Les cylindres destinés à garantir de la poussière certains objets généralement placés sur les cheminées tirent leur nom de la forme qu'ils ont eue pendant très-longtemps, car ils n'étaient qu'une fraction d'un manchon de forme cylindrique ouvert à l'une de ses extrémités et clos de l'autre par la calotte du manchon. A ces cylindres succédèrent les *cages* composées de plusieurs feuilles de verres reliées ensemble par un mastic qu'on avait soin de dorer ; mais comme il faut toujours du nouveau, ce genre de cage passa de mode, et c'est alors qu'on reprit les cylindres, non plus ronds, mais aplatis. Si le travail des premiers était peu de chose, puisqu'il suffisait de le couper au manchon, il n'en est pas de même pour ceux qu'on fait aujourd'hui, car les cylindres ovales ou carrés sont soufflés dans des moules formés par deux ou quatre plateaux en bois de peuplier blanc de Hollande.

Ce travail, comme on le voit, présente une très-grande analogie avec le soufflage des manchons décrits page 71. La seule différence est que les derniers sont soufflés à l'air libre, et que les seconds le sont dans le centre du moule dont ils prennent la forme.

VERRES DE MONTRES

On distingue les verres de montres en verres ordinaires et en verres chevés.

Verres ordinaires. — Après avoir laissé refroidir un globe de verre (à base de potasse et de chaux) précédemment soufflé, on découpe, à l'aide du diamant, et guidé par un verre qui sert de modèle, autant de segments que la circonférence du globe peut en fournir. Les ronds, une fois détachés du globe, reçoivent, au moyen de la meule de grès, le biseau circulaire qui permet au verre d'entrer et de rester maintenu dans la gorge du couvercle de la montre.

Ces verres, généralement très-bombés, ne peuvent servir qu'aux montres épaisses.

Verres chevés (concavus, concave, courbé). — Exactement obtenus par le même procédé que les verres précédents, les verres chevés réservés pour les montres plates, sont tirés d'un globe de verre plus beau (verre ou cristal à base d'oxyde de plomb), et demandent un travail de plus, consistant à diminuer leur trop grande concavité. Pour arriver à ce résultat, on place chaque rond de verre sur un moule en terre réfractaire dont la partie supérieure est façonnée en portion de globe très-aplati. Portés au four de réverbère et s'affaissant par la chaleur, ils prennent exactement la forme du mandrin sur lequel ils ont été posés. Retirés du four et refroidis, il ne reste plus qu'à les polir au rouge d'Angleterre et à faire le biseau au moyen de la meule.

Les verres placés devant les cadrans des pendules se font exactement de même.

XX

VERRE DÉPOLI — VERRE MOUSSELINE

Nous avons parlé (page 75), des vitres qui, au moyen de cannelures, laissent entrer le jour à l'intérieur, sans permettre de voir de l'extérieur ce qui s'y passe. Tout en constatant les services que ce genre de vitres peut rendre, il faut cependant reconnaître qu'il est loin de répondre à l'élégance tant recherchée de nos jours. On lui substitua le verre dépoli, qu'on obtient en frottant un morceau de tôle sur un verre ordinaire saupoudré de grès en poudre très-fine humectée. Le pas, certes, était déjà important, mais le blanc laiteux et terne du verre dépoli faisant tache, car il ne s'harmonisait presque jamais soit avec le papier, soit avec les tentures de l'appartement, on chercha encore et on finit par employer la peinture à l'émail qui présente toutes les ressources artistiques, puisqu'elle permet de représenter des arabesques, des bouquets, des fleurs, des oiseaux, etc., etc.

Ne pouvant trouver un guide plus sûr et meilleur que M. Bontemps, nous allons encore puiser dans son excellent *Guide du verrier*.

« L'opération la plus simple est celle qui consiste à

revêtir la surface du verre d'une couche d'émail qui, comme on sait, est le produit d'un cristal blanc ou coloré, broyé aussi fin que possible. Quand on a obtenu cette poudre impalpable, on la délaye soit à l'eau, soit à l'essence. Si on ne veut produire qu'une teinte très-légère, on ne met sur le verre qu'une couche d'émail à l'eau (cette eau doit toujours être légèrement gommée). Si on veut une plus grande opacité, on pose une première couche à l'eau; puis, quand elle est sèche, on pose une seconde couche d'émail délayée à l'essence. Si on veut des feuilles unies, il n'y a plus qu'à les passer au feu du moufle ou au four. Nous devons dire comment on couche sur le verre la poudre d'émail soit à l'eau, soit à l'essence. On se sert, à cet effet, d'une brosse plate molle, d'environ 0m,12 de largeur, avec laquelle on prend l'émail à consistance très-liquide, et on barbouille la feuille en long et en large, puis aussitôt, prenant une autre brosse sèche de même forme, on la promène régulièrement sur toute la surface de la feuille, en large d'abord, puis en long; cette deuxième brosse laisse la trace de son passage, mais déjà l'émail est réparti plus également; on fait la même opération avec une troisième brosse sèche semblable, et enfin, la même manœuvre ayant été faite avec une quatrième brosse, l'émail se trouve non-seulement réparti très-également, mais on ne voit pas trace du passage de la brosse. Quelquefois, pour un douci plus parfait encore, on fait passer de nouveau une brosse de même forme très-douce en blaireau.

« Si, au lieu d'une couche unie, on veut réserver sur cette couche d'émail un dessin transparent, c'est-à-dire faire du verre connu sous le nom de *mousseline*, quand la couche d'émail simple ou double est sèche, on enlève le dessin au moyen d'une plaque mince en laiton percée à jour, suivant le dessin qu'on veut produire; l'opérateur pose cette plaque sur le verre, et la tenant fixe de la main gauche, il frotte la plaque avec une brosse dure qui enlève l'émail dans toute la partie percée à jour : il enlève alors la plaque, la pose plus loin suivant les points de repère, disposés de manière à ce que le dessin se suive et s'accorde, frotte de nouveau, et ainsi de suite. Avec une barbe de plume, il enlève la poudre d'émail qui est restée sur le verre.

« Quelquefois on fait des verres mousseline dont le dessin lui-même n'est pas transparent, mais seulement moins opaque que le fond. Pour cela, après avoir posé la couche à l'eau, on enlève le dessin au moyen de la plaque de laiton et de la brosse dure ; puis on pose sur le tout une couche à l'essence[1], de telle sorte que le dessin qui n'a reçu qu'une seule couche d'émail se détache sur le fond qui en a reçu deux.

« On peut faire des verres mousseline ayant une légère teinte rosée, ou bleue ou violette, etc. ; il n'y a pour cela qu'à mêler à l'émail blanc une petite portion d'émail de la couleur qu'on désire. »

Nous arrêtons ici cette citation qui, si elle en dit trop au lecteur que la matière n'intéresse pas, engagera, nous l'espérons du moins, les curieux à recourir à l'ouvrage si intéressant de M. G. Bontemps, où ils trouveront le sujet traité *in extenso*.

Disons encore que cet émail appliqué sur verre est excellent pour faire les cadrans d'horloge devant indiquer l'heure pendant la nuit. Non seulement il est bien supérieur aux glaces dépolies, dont l'aspect est toujours terne et gris, mais les heures tracées en noir se détachent beaucoup mieux.

Le travail d'émaillage en couleur présentant une assez grande analogie avec celui des vitraux d'église, nous renvoyons le lecteur à ce dernier chapitre.

1. Essence grasse de térébenthine mêlée à l'essence de lavande.

XX

GLOBES DE LAMPES — PENDELOQUES DE LUSTRE

Lorsqu'un globe de lampe sort des mains de l'ouvrier verrier, il est transparent et n'a qu'un seul orifice, il faut donc le dépolir et faire le second orifice afin de donner passage au verre de la lampe. Voici, d'après M. Bontemps, comment s'exécutent ces deux opérations :

« On fait de grandes caisses de 4 à 5 mètres de long, montées horizontalement sur deux axes ; on remplit d'un mélange d'eau, d'émeri et de cailloux 30, 40 ou 50 boules auxquelles on adapte des bouchons, on emballe ces boules avec du foin dans la caisse, puis on la fait tourner sur ses deux axes au moyen d'une manivelle. Au bout de quatre à cinq heures, on cesse le mouvement, on déballe, débouche et vide les boules, qui se trouvent dépolies intérieurement, d'un grain très-fin et très-égal. Pour faire les trous convenables pour le passage des cheminées de lampe, on monte sur le tour un mandrin cylindrique en tôle, dont le bord est découpé en scie et du diamètre du trou qu'on veut percer, et l'ouvrier ayant marqué les deux places où doivent être percés les trous, prend la boule de la main droite et la présente contre le mandrin, sur lequel il jette de l'eau et du sable avec la main gauche; peu à peu le mandrin pénètre dans le verre et y détache un disque de son diamètre. Lorsque les deux trous sont ouverts, les boules sont livrées aux graveurs, si elles doivent recevoir ce complément de travail. »

Pour dépolir l'extérieur du globe, on le place entre deux mandrins du tour, et pendant le mouvement de rotation, l'ouvrier appuie un morceau de tôle sous lequel il jette de l'eau et du sable. Des étoiles ou d'autres motifs étant gravés, leur éclat sera d'autant plus brillant que le fond sera mat.

LUSTRERIE

Puisque nous en sommes aux objets d'éclairage, disons un mot sur le mode de la fabrication des lustres. Toutes les pendeloques qui forment un lustre, quelque forme qu'on leur donne, sont obtenues au moyen d'un moule dans lequel le verrier place une petite colonne de verre plein. Par la pression, les deux bords du moule taillés en biseau coupent le verre en lui imprimant en relief les facettes qui doivent être taillées et polies. Quant à la boule qui généralement termine le lustre, elle est en verre soufflé.

XXII

VERRE SOLUBLE[1]

Qui de nous n'a déploré cent fois les effets désastreux et rapides occasionnés par le feu? Ici, c'est un théâtre qui brûle, ensevelissant une partie des spectateurs emprisonnés au milieu des flammes ; là, et ce malheur est, hélas ! bien fréquent, c'est une jeune fille qui, toute à la joie d'aller au bal, jette, avant de partir, un dernier regard sur son miroir ; une étincelle frappe sa robe, la flamme monte, l'enveloppe, et cette pauvre enfant, qui tout à l'heure ne rêvait que bonheur, meurt bientôt au milieu des plus atroces souffrances.

Tout le monde connaît ces sinistres, les déplore, et personne cependant ne fait ce qu'il faut pour les rendre, sinon impossibles, du moins excessivement rares.

Par quel moyen, nous dira-t-on, prétendez-vous empêcher les incendies ?

Si l'homme n'a pas ce pouvoir, il a du moins celui de s'opposer à l'intensité de la flamme qui, excitée par le

---

1. La solubilité est la propriété qu'a un corps de se dissoudre dans l'eau bouillante ou dans tout autre liquide.

vent, centuple seule les sinistres; ce moyen consiste à employer le verre soluble inventé, en 1825, par le docteur Fuchs, de Munich, et désigné par lui sous le nom de wasser-glass.

Pour comprendre comment le verre soluble peut empêcher la flamme, il suffit de se rappeler que le bois, les étoffes, le papier, etc., ne *flambent* qu'avec le concours de deux conditions : une température élevée et le contact de l'air qui fournit l'oxygène nécessaire à leur transformation en eau et acide carbonique. Supprimez l'action de l'oxygène au moyen d'une juxtaposition de verre soluble, et les matières roussiront, se carboniseront lentement, mais ne flamberont jamais.

Le fait physique établi, il ne nous reste plus qu'à faire connaître de quoi se compose le verre soluble, et quel est le mode d'emploi, bien simple, comme on va voir, prescrit par le docteur allemand.

Voici les deux compositions de ce verre soluble dans l'eau d'après M. Fuchs : « 45 parties de quartz pulvérisé ou de sable pur, 30 parties de potasse purifiée, 3 parties de charbon pulvérisé; ou bien, en se servant de soude : 45 parties de quartz, 23 de carbonate de soude sec et 3 de charbon pulvérisé. »

Une fois fondu on coule le verre obtenu; on le pulvérise et on le traite par quatre ou cinq fois son poids d'eau bouillante. On obtient ainsi une solution qui, appliquée sur d'autres corps, sèche rapidement au contact de l'air.

Que d'habiles industriels prennent cette idée, qu'ils la perfectionnent, et surtout que le bon sens public l'adopte, et nous aurons un fléau de moins à redouter.

Le mot de perfectionnement que nous venons de prononcer, impliquant naturellement l'idée d'un défaut, voyons, d'après M. Péligot, quel est celui du **verre soluble**.

« Une étoffe, même très-fine, comme la gaze ou la

mousseline, plongée dans une dissolution étendue de silicate de potasse et séchée, perd la propriété de brûler avec flamme ; la matière organique, enveloppée d'un réseau de substance minérale fusible, noircit et se carbonise comme si elle était chauffée dans une cornue à l'abri du contact de l'air, mais elle ne s'enflamme pas. On comprend, par la suite, l'intérêt que présenterait l'usage d'un pareil préservatif contre l'incendie. Mais, sans parler de l'insouciance qu'on a généralement pour se garantir d'un danger éventuel, cet emploi présente plusieurs inconvénients : la réaction alcaline du verre soluble altère souvent la couleur des tissus ou des peintures ; et, comme cette substance est toujours un peu déliquescente, ceux-ci, bien que séchés, attirent l'humidité de l'air, restent plus ou moins humides, et retiennent opiniâtrément la poussière. Aussi, après des essais assez nombreux, a-t-on dû renoncer à son emploi pour préserver de l'incendie les décors de théâtres, les tentures, les tissus pour robes, etc. »

Reconnaissant de quelle utilité serait la découverte de Fusch, une fois perfectionnée, il ne nous reste plus qu'à exprimer le désir qu'un chimiste distingué s'occupe de la question ; et nous ne doutons pas que, malgré les difficultés, le perfectionnement que l'humanité appelle ne soit complétement obtenu.

M. Kuhlmann, de Lille, fabrique le verre soluble. La réputation de ce savant industriel nous fait espérer qu'il aura su remédier aux imperfections mentionnées par M. Péligot.

XXIII

DES PERLES FAUSSES

Si l'Égypte fabriquait des perles fausses quinze siècles au moins avant notre ère (page 9), il paraît que cette industrie resta longtemps stationnaire chez les anciens. Le premier auteur latin dans lequel nous en trouvons la mention est Pétrone[1], qui, dans son *Satyricon* (chap. 67), met les paroles suivantes dans la bouche d'Habennas : « Parbleu! ne m'as-tu pas ruiné de fond en comble pour t'acheter ces babioles en verre (deux pendants d'oreilles)? Certes, si j'avais une fille, je lui ferais couper les oreilles. »

Faut-il voir là des boucles d'oreilles en perles fausses, ou simplement du verre soufflé?

Ce texte n'étant pas assez précis pour permettre d'émettre un jugement, nous ne donnons le passage de l'auteur que pour ce qu'il vaut, nous réservant de chercher ailleurs le moyen de fixer d'une manière plus précise, et surtout plus logique, l'époque probable de l'introduction des perles fausses à Rome.

La fabrication d'une chose fausse ne peut trouver sa

---

1. Pétrone, auteur latin, mort l'an 66 de notre ère.

raison d'être qu'à la condition de contrefaire un objet recherché et surtout à la mode ; nous devons donc placer l'origine des perles fausses, à Rome, à l'époque où le luxe des perles fines s'y répandit ; Pline nous apprend dit à ce sujet :

« C'est la victoire de Pompée qui commença à tourner le goût vers les perles et les pierreries, comme celle de L. Scipion et de Ch. Manlius l'avait tourné vers l'argent ciselé, les étoffes attaliques[1] et les lits de table garnis de bronze ; comme celle de L. Mummius, vers l'airain de Corinthe et les tableaux. » Pour expliquer la chose plus clairement, je citerai textuellement ce qui est dit dans les Actes mêmes des triomphes de Pompée. Lorsqu'il triompha des pirates de l'Asie, du Pont, des nations et des rois énumérés au septième livre de cet ouvrage, triomphe qu'il célébra sous le consulat de M. Pison et de M. Messala (an de Rome 693), la veille des calendes d'octobre (le 30 septembre), le jour anniversaire de sa naissance, Pompée fit passer sous les yeux des Romains un échiquier avec ses pièces, fait de deux pierres précieuses, large de 3 pieds, long de 4. Cet échiquier portait une lune d'or du poids de 30 livres ; trois lits de table ornés de perles ; des vases d'or et de pierreries suffisant pour garnir neuf buffets ; trois statues d'or : Minerve, Mars et Apollon ; trente-trois couronnes de perles ; une montagne d'or carrée, avec des cerfs, des lions et des fruits de tout genre, entourée d'une vigne d'or ; un muséum en perles, en haut duquel était une horloge ; un portrait de Pompée fait en perles ! oui, de Pompée !... Ce front noble et découvert, ce visage qui respirait l'honnêteté et imprimait le respect à toutes les nations, le voilà en perles ! La sévérité des mœurs est vaincue, et véritablement, c'est le luxe qui triomphe. »

---

1. Voir la note, p. 12.

Malgré l'anathème lancé par Pline contre le luxe ef-fréné du portrait de Pompée, l'introduction et le goût des perles n'en continua pas moins à se répandre à Ro-me, sinon chez les citoyens, qui n'étaient pas assez riches pour se payer une telle fantaisie, du moins à la cour de certains empereurs. Ici, c'est Caligula qui, non content « de porter des brodequins ornés de perles[1], d'en avoir orné les colliers de son cheval *Incitatus* (ardent, vif), pour lequel il avait fait construire une écurie de marbre, une auge d'ivoire et des couvertures de pourpre[2], compo-sait encore pour son usage particulier une liqueur faite de perles fines du plus grand prix, dissoutes dans du vi-naigre ; là, c'est Néron, qui garnissait de perles fines son sceptre, ses lits, et le masque des histrions[3].

Le silence des auteurs anciens sur les perles fausses ne nous permettant que de conjecturer leur usage dans les classes inférieures qui, à toutes les époques, se sont crues obligées d'imiter, *à bon marché*, le luxe descendant des hautes régions, nous allons abandonner ces temps recu-lés pour arriver de suite à Venise, où, plus heureux, nous trouverons la réglementation de cette curieuse in-dustrie.

La première mention des perles fausses remonte à l'année 1318 ; et suivant M. Lazari[4], « les fabricants, dé-signés sous les noms de patenôtriers[5] et de perliers, étaient établis soit à Venise, soit à Murano, et compo-saient déjà une compagnie assez nombreuse pour être ré-gie par un statut particulier. »

Quoique cette industrie produisît déjà d'immenses bé-

1. Pline, liv. XXXVII, ch. VI.
2. Suétone, *Vie de Caligula*, chap. XXXVII.
3. Pline, liv. XXXVII, chap. VI.
4. *Notizia delle opere d'arte et d'antichità della recolta Correr.* Venezia, 1859.
5. Patenôtre, chapelet, grains de chapelet. Dire ses patenôtres, dire son chapelet.

néfices à la république par l'exportation qu'elle en faisait
en Orient et dans les contrées sauvages, il faut croire cependant qu'elle n'était pas encore arrivée à son apogée;
car le même auteur ajoute : « La fabrication des perles
fausses à la lampe d'émailleur rendit immortel le nom
d'Andrea Vidaore, à qui on en doit, sinon la réinvention,
du moins le perfectionnement en 1528. »

On le voit, du XIVᵉ au XVIᵉ siècle, la fabrication des
perles paraît avoir eu bien des vicissitudes que nous
ignorons; mais une plus grande ignorance règne encore
sur le mode de cette fabrication, car pas un auteur, que
nous sachions, n'en a dit un seul mot.

C'est cette lacune que nous allons essayer de combler.

FABRICATION DES PERLES FAUSSES SOUFFLÉES

L'atelier du souffleur de perles est des plus simples.
Il se compose d'une petite table d'un mètre environ de
longueur, sur laquelle se trouve une lampe à grosse
mèche qui, alimentée soit par l'huile, soit par le sain-
doux, donne un jet de flamme, activé par un soufflet
adapté sous la table, et que le souffleur met en mouvement par le pied.

Sur cette table sont placés quelques tubes de verre
creux de deux espèces : les uns en verre ordinaire servent à fabriquer les perles communes; les autres, d'une
teinte légèrement irisée, tirant sur l'opale, sont employés pour les perles de choix, désignées dans le commerce sous le nom de *perles orientoïdes*.

Cherchons maintenant à faire comprendre comment,
d'un tube de verre creux, on parvient, sans le secours
d'aucun moule[1], à faire les perles de toute espèce, de-

1. Il n'y a d'exception que pour les perles dites *cannelées*, qui doivent se faire dans un moule. La mode en étant passée aujourd'hui,
nous croyons inutile de nous étendre davantage sur ce mode de fabri-

puis les plus communes jusqu'à celles qui, par leur forme et leurs reflets opalins, imitent les plus splendides perles de l'Orient.

Le souffleur, assis à sa table, a devant lui sa lampe, et à sa droite sont placés des tubes d'un diamètre de $0^m,008$ environ sur $0^m,30$ de longueur. La grosseur du tube à employer devant naturellement être en rapport avec la grosseur des perles que l'on veut faire, le premier travail du souffleur est d'étirer le tube, c'est-à-dire d'en augmenter la longueur au préjudice du diamètre[1].

Le tube arrivé à la grosseur voulue, il le brise en fragments de $0^m,10$ à $0^m,15$; puis il en prend un dont il présente l'une des extrémités à la lampe. Dès que le verre commence à se liquéfier, il souffle doucement dans le tube, qui, quoique étiré, a toujours conservé sa perce intérieure, et bientôt l'air dilatant l'extrémité chauffée, il y apparaît une boule.

C'est cette boule qui va devenir une perle, mais elle n'est encore qu'à l'état de germe; pour en faire une perle, trois opérations sont encore indispensables :

1° Le perçage, qui se compose de deux trous, s'il s'agit de perles rondes destinées à former un collier, ou d'un seul si, en forme de poires, elles doivent être montées soit en colliers, soit en boucles d'oreilles, soit en épingles, etc.;

2° La forme à donner, ronde ou en forme de poires;

3° La coloration intérieure.

Rien de plus simple que la perce à donner, car s'il ne s'agit que d'un seul trou, il est naturellement fait par la perce même du tube; s'il en faut deux, l'ouvrier obtient le second en donnant un petit souffle sec dans le tube, alors que la perle, de forme sphéroïdale et ductile, y

cation qui rentre naturellement dans les classes des verres soufflés et moulés.

1. Voy. l'Étirage du verre, p. 172.

est encore adhérente. Le résultat de cette opération, qui demande une certaine habitude, se comprendra facilement quand on saura que le souffle frappe directement sur le centre de la partie inférieure de la perle qui est toujours plus mince que les parois latérales.

Tel est le premier travail commun à toutes les perles fausses ; voyons ce qui doit se passer pour les *perles orientoïdes*.

Faites avec un verre opalisé, elles demandent de la part du souffleur un soin particulier pour leur forme, ainsi que pour les diverses colorations qu'elles reçoivent à l'intérieur.

Tout le monde sait combien il est rare de trouver une perle fine sans défaut, c'est-à-dire offrant une sphéricité à peu près parfaite. Ainsi, de nos jours, pour compléter un collier de trente-trois perles, digne d'être offert officiellement à une souveraine, il a fallu recourir aux écrins de tous les joailliers de France et d'Angleterre.

Le rôle du souffleur étant d'imiter le plus possible la nature, son talent consiste non-seulement à dénaturer, pour ainsi dire, l'exacte régularité obtenue par le soufflage, mais encore à produire sur la perle fausse les défauts qui se trouvent ordinairement sur les perles naturelles. Ce travail demande une très-grande habitude, et n'est que le fruit d'une longue observation ; le bon souffleur, l'artiste, doit connaître assez les perles naturelles pour n'exécuter sur les siennes que les défauts qui peuvent faire valoir, par le moyen de reflets habilement préparés, l'œuvre sortie de ses mains. Pour obtenir ce résultat important, il profite du moment où la perle adhère encore au tube, prend une très-petite palette en fer dont il frappe très-légèrement sur certaines parties de la pièce malléable, et ce n'est que par ce dernier travail, qui met ici une saillie, là un méplat presque imperceptibles, qu'il parvient à son but.

Là s'arrête le travail du souffleur; après lui les perles qui, on a dû le remarquer, ne sont encore que des objets en verre presque incolore, passent dans les mains d'ouvrières chargées de leur donner *l'orientation;* mais avant de faire disparaître le souffleur, qu'il nous soit permis de faire à son sujet un peu de statistique. Que le lecteur se rassure; nous serons très-bref : nous voulons seulement lui apprendre qu'un bon ouvrier peut faire 300 perles par jour, qui lui sont payées de 2 fr. 25 à 3 fr. le cent.

COLORATION DES PERLES FAUSSES
HISTOIRE DE JACQUIN

Quoique le travail de la coloration, que nous allons faire connaître, soit analogue pour toutes les perles, on comprendra, sans que nous ayons besoin d'insister, que puisque les perles se divisent en perles ordinaires et perles orientoïdes, il faut nécessairement admettre deux catégories d'ouvrières: les unes, spécialement chargées des perles de pacotille; les autres, des perles de choix.

Nous ne nous occuperons que du travail de ces dernières, qui, nous le répétons, ne diffère de celui des autres que par un plus grand fini.

Chaque ouvrière a devant elle une série de petits compartiments contenant plusieurs milliers de perles, rangées de manière que chacune d'elles présente le côté de l'orifice percé par le souffleur.

Avant d'y introduire la substance colorante, qui se détacherait trop facilement du verre si elle n'était consolidée par un moyen de fixation quelconque, chaque perle commence par recevoir à l'intérieur une très-légère couche d'une colle essentiellement incolore, faite avec du parchemin.

Cet enduit étant également réparti sur la partie intérieure de chaque perle, l'ouvrière profite du moment où la colle est encore humide, et commence le travail de la coloration proprement dite.

Avant de détailler le mode de coloration, tel qu'on l'exécute aujourd'hui, nous croyons devoir faire un pas rétrospectif pour prouver que si la coloration des perles a subi un notable perfectionnement, c'est à un Français qu'il est dû.

Lecteur, permettez-nous de transcrire ici la légende qui nous a été racontée par l'arrière-petit-fils de l'inventeur; elle ne diffère de celle qui est généralement admise, que par certaines particularités de famille qui ne touchent en rien au fond du récit, historiquement authentique.

Au nombre des patenôtriers et perliers qui, comme on sait, formaient au siècle passé une des nombreuses corporations de métiers établies dans la bonne ville de Paris, se trouvait maître Jacquin. Homme intelligent, d'une probité exemplaire, et renommé entre tous pour l'élégance de ses colliers et de ses boucles d'oreilles en perles fausses, il avait su attirer à sa boutique (le mot magasin n'était pas encore inventé) tout ce que la cour et la ville comptaient de femmes du meilleur monde.

Possédant pignon sur rue, large caisse garnie de bons écus, un commerce des plus prospères, n'ayant qu'un fils unique, qui allait épouser demoiselle Ursule, fille de son ami et voisin l'apothicaire, il avait tout pour être heureux; et, cependant, il paraissait loin de l'être. Chose étrange, sa tristesse, en sens inverse de celle des marchands, augmentait en proportion des bénéfices qu'il faisait; en un mot, plus il vendait, plus il était soucieux. Son fils se souvenait même de lui avoir entendu dire, un jour qu'il venait de vendre une parure complète de perles fausses à dame Roberte de Pincelieu, marraine de son fils, ces mots effrayants : « A elle aussi!... infâme que je suis!... Mon Dieu! permets au moins que ce crime soit le dernier!! »

Atterré par ces sinistres paroles, son fils cherchait un moment opportun pour arracher un effroyable aveu à son père, lorsque tout à coup la joie et la gaieté reparurent sur le front du vieillard qui, donnant un libre cours à son contentement, ne cessait de répéter, en se frottant les mains : « Ah ! enfin la France est donc encore en guerre avec la Flandre... Vive le roi ! car, grâce à lui, pendant longtemps, j'espère, on ne pensera pas à acheter colliers et boucles d'oreilles. »

Une phrase aussi anticommerciale aurait, certes, bien permis au fils de croire définitivement à la folie de Jacquin, si l'approche de son mariage avait pu lui laisser d'autre pensée que celle de sa félicité prochaine.

Tout allait donc au mieux dans la maison, lorsqu'une cause bien futile en apparence fut sur le point de renverser cet édifice de bonheur.

Profitant du moment où tous les grands parents, réunis chez lui, signaient au contrat de mariage de son fils, maître Jacquin, s'adressant à Ursule, lui dit :

« Mademoiselle ma mie, venez çà, et causons de choses plus agréables, car vous avez sans doute remarqué que, dans votre contrat, comme dans tous les autres, on ne parle que de mort : c'est ce qu'on appelle des *espérances*.... Donc, dans six jours, vous vous mariez à l'église de Saint-Nicolas du Chardonnet ; comme il y aura nombreuse et belle compagnie, je désire, ma mie, que vous y paraissiez gaillardement vêtue, telle enfin qu'il sied à la position de nos deux familles. Dites-moi donc, chère fille, ma mie, ce qui vous plairait le plus ; parlez sans crainte ; car, pour la femme de mon fils bien-aimé, il n'est rien que je n'accorde, je vous en donne ma foi.

« — Eh bien, monsieur mon cher père, répondit Ursule, maintenant que j'ai l'honneur d'entrer dans votre famille, je ne forme plus qu'un vœu, donnez-moi un de ces jolis colliers que vous faites si bien. »

A ces mots une sueur froide couvre le front tout à l'heure si radieux du vieillard qui, interdit et comme frappé de stupeur, ne peut même pas prononcer le *oui* qu'Ursule attendait les yeux baissés. Qui sait comment l'un et l'autre seraient sortis de cette embarrassante position, si, par un de ces hasards heureux, les grands parents qui avaient tous signé au contrat, n'eussent rompu ce silence en ordonnant un départ immédiat en raison de l'heure avancée de la nuit? En effet, huit heures venaient de sonner à l'horloge de Saint-Nicolas.

Resté seul chez lui, le pauvre patenôtrier passa la nuit à chercher par quel moyen il pourrait satisfaire Ursule, sans manquer au devoir moral qui l'obligeait à ne pas commettre un crime nouveau.

A peine le jour paru, Jacquin qui, comme on le pense bien, n'avait rien trouvé, sortit, espérant que le changement d'air ouvrirait un horizon nouveau à son imagination, et il se dirigea sur le bord de la Seine, qu'il suivit au hasard.

Arrivé, après deux heures de marche, là où se trouve aujourd'hui le pont d'Asnières, le pauvre Jacquin, malgré ses fréquentes invocations alternativement adressées à Dieu, à son saint patron et à son bon ange, n'était pas plus avancé qu'au moment de son départ de Paris.

Harassé de fatigue, il allait peut-être prendre une résolution suprême, — rompre le mariage de son fils, si demoiselle Ursule persistait à demander le collier, lorsque, ô prodige! apparaît tout à coup sur l'eau une masse de matière irisée donnant les reflets des plus belles perles d'Orient... c'était ce qu'il cherchait!

S'il avait su le grec, certes, notre patenôtrier eût sans doute répété le fameux *eureka*, prononcé par Archimède découvrant la théorie du cylindre circonscrit, mais comme il ne connaissait pas plus Archimède que le grec, il se contenta d'appeler un pêcheur et de lui faire jeter son

filet sur une quantité considérable de poissons ; car, ce
que, dans son étonnement, il avait pris pour une matière
inerte, n'était autre chose qu'une espèce de petits poissons connus sous le nom d'able ou d'ablettes. Les recevoir du pêcheur, les emporter dans son laboratoire, leur
enlever les écailles et en faire une pâte, telles furent ses
seules occupations jusqu'au soir. Le jour paraissait à
peine, et Jacquin qui, dans sa joie, n'avait pas fermé
l'œil de la nuit, s'empressa de descendre à son laboratoire. O déception ! cette pâte, hier si brillamment argentée, n'offre plus qu'une espèce de colle noire. Certes, tout
autre que notre patenôtrier serait devenu fou à la suite
d'une telle déception ; mais, homme de sens, loin de perdre son temps en désespoir, il alla trouver le pharmacien,
qui lui conseilla de remplacer l'eau simple, dont il s'était
servi pour triturer les écailles, par de l'ammoniaque.

Trois jours après, Jacquin, grâce à la science, avait
enfin trouvé la composition qu'il cherchait, et radieux,
il attachait au cou de demoiselle Ursule le plus beau des
colliers qui fût jamais sorti de sa boutique.

Un mot fera comprendre les justes appréhensions de
maître Jacquin et l'importance de sa découverte, qui ne
date que de l'année 1686. La coloration des perles fausses était obtenue au moyen du vif-argent ou mercure,
dont les émanations délétères devaient apporter de graves désordres dans l'économie humaine.

Maintenant que nous savons que la coloration intérieure des perles s'obtient d'une pâte faite avec les écailles de l'ablette, reprenons le sujet où nous l'avons laissé,
c'est-à-dire au moment où la colle de parchemin encore
humide attend la matière colorante, et disons comment
s'effectue ce nouveau travail, qui exige une grande adresse
jointe à une extrême rapidité d'exécution.

Après avoir pris un tube creux et effilé, et l'avoir
trempé dans la pâte d'ablettes, l'ouvrière en introduit,

par son souffle, une certaine quantité dans chacune des perles, et sait-on combien il faut qu'elle en fasse pour gagner une modique journée de 3 fr. 20 cent. à 4 fr. ? — Quarante mille!! — car chaque mille collé et garni de pâte d'ablettes ne lui est payé que 8 à 10 centimes.

Les perles de couleur soufflées se font exactement de même, à l'exception qu'au lieu de pâte d'ablettes, on souffle à l'intérieur une pâte de la couleur voulue.

Pour certaines autres perles ou grains de chapelets qui ne sont pas obtenus par le mode du soufflage, nous renvoyons le lecteur à leur article, page 179.

XXIV

IRISATION DU VERRE

L'opinion publique attribue généralement à l'action d'un feu accidentel, d'un incendie, ce charmant chatoiement opalisé et nacré qu'on voit sur une très-grande quantité de verreries antiques, et peu s'en faut même qu'on ne considère en chacune d'elles une des rares et fragiles victimes survivantes du cataclysme pompéien.

Pour prouver que le feu n'est pour rien dans cette irisation, il nous suffira de rappeler au lecteur que la majorité, nous pourrions même dire la totalité des verreries antiques qui ornent nos musées, n'ont d'autre provenance que les tombeaux où elles gisaient près des armes, des bijoux et des étoffes du mort.

La présence d'étoffes et de bijoux où l'on ne remarque aucune altération écartant toute idée d'incendie, c'est donc ailleurs qu'il faut chercher et trouver la cause de l'irisation.

Ici encore, M. Péligot viendra à notre secours. « La plupart des objets en verre dont la fabrication remonte à une époque reculée, ont subi, sous l'influence du temps et de l'humidité, une altération très-marquée. Tous les verres antiques qu'on trouve dans les tombeaux des anciens Romains et des Gaulois présentent un aspect irisé, chatoyant, noir, avec des reflets parfois très-brillants, comme ceux des ailes de quelques espèces de papillons. Il en est de même des carreaux de vitre de fabrication plus moderne posés aux fenêtres des étables, des écuries, c'est-à-dire de locaux exposés souvent tout à la fois à l'humidité persistante et à une température élevée. Les écailles irisées qu'on en détache facilement par un léger frottement sont un mélange de silice et de silicate terreux. Le silicate alcalin a disparu. »

D'après ces observations, c'est donc à l'humidité et plus encore au temps qui détruit, ou tout au moins altère les travaux des hommes, qu'il faut attribuer l'irisation du verre.

La spéculation malhonnête profite aujourd'hui des démonstrations de la science pour transformer en verres antiques des produits fabriqués dans le but de tromper; des fioles, des coupes affectant la forme des ouvrages romains sont enfouis sous des fumiers en fermentation, et en sortent revêtus de cette brillante et fragile parure irisée qui dure assez longtemps pour séduire un curieux inexpérimenté.

XXV.

DÉVITRIFICATION DU VERRE

Les qualités toutes spéciales qui distinguent le verre et en font l'utilité, c'est-à-dire sa transparence parfaite et son homogénéité, sont susceptibles de disparaître par l'action d'une simple cause physique.

Si l'on prend, en effet, une masse de verre limpide et transparente, et qu'après l'avoir chauffée au rouge, on la laisse refroidir très-lentement, ou bien encore si on l'entretient longtemps à une température insuffisante pour la fondre, mais capable de la ramollir, on observe un changement d'aspect et de texture. De transparent qu'il était, le verre devient opaque, et il semble composé d'une agglomération de cristaux circulaires.

Réaumur a découvert cette curieuse modification, et comme, au moment où il put l'étudier, tous les esprits en France étaient tendus vers la fabrication de la poterie translucide, dont les éléments étaient encore à trouver, le célèbre physicien vit là, en attendant mieux, un moyen d'approcher de la pâte blanche et translucide produite dans l'extrême Orient, et d'exonérer en même temps le pays de l'impôt qu'il payait à l'étranger pour se procurer cette remarquable poterie.

De 1717 à 1739, il s'occupa d'études sérieuses sur ce sujet et il entrevit d'assez près la réussite industrielle de l'entreprise pour affirmer à l'Académie des sciences que le nouveau produit, auquel le public avait appliqué le nom de porcelaine de Réaumur, pouvait rivaliser avantageusement avec les porcelaines à pâte tendre, découvertes par différents potiers, et qu'il aurait sur celles-ci le mérite du bon marché. On fabriqua donc, pendant un certain temps, des bouteilles, des carrelages, des mortiers, des vases de formes variées en porcelaine de Réaumur. Mais la découverte faite par la Saxe, en possession de la pâte dure ou porcelaine réelle, avait éveillé des ambitions nouvelles ; ce n'était plus un équivalent à la poterie chinoise qu'il fallait chercher, mais bien cette poterie même ; on délaissa d'autant plus vite le verre dévitrifié que le kaolin fut enfin trouvé en France. La découverte de Réaumur se trouvait reléguée parmi les curiosités scientifiques.

Deux circonstances rendent très-difficile la fabrication industrielle, c'est-à-dire économique, des verres façonnés en verre dévitrifié : la nécessité de les soumettre à un ramollissement prolongé est un obstacle à la conservation de leur forme primitive ; en second lieu, la longueur de l'opération entraîne des dépenses de combustible et de main-d'œuvre qui pèsent lourdement sur le prix de l'objet à livrer au commerce.

Pourtant, par des études nouvelles, M. Pelouze a rappelé l'attention sur ce curieux produit ; il a démontré que, si l'on avait fixé précédemment entre vingt-quatre et quarante-huit heures le temps nécessaire à la complète transformation du verre, on pouvait abréger ce temps d'une manière notable en introduisant dans le verre des matières réfractaires, c'est-à-dire difficilement fusibles, telles que les cendres, le sable et, chose plus extraordinaire encore, le verre lui-même réduit en poudre très-fine.

Le verre dévitrifié a une dureté considérable, car il fait feu au briquet; il est beaucoup moins cassant que le verre ordinaire, et M. Pelouze estime qu'on pourrait vaincre les difficultés qui se sont opposées jusqu'ici à la fabrication industrielle de la porcelaine de Réaumur.

Le fait le plus curieux résultant des travaux d'analyse de M. Pelouze, c'est que le verre, en se dévitrifiant, ne subit aucune altération ni dans la nature, ni dans la proportion des matières qui le constituent. Il fond presque aussi facilement que le verre amorphe dont il provient; il conserve la même pesanteur spécifique; il ne doit son état nouveau qu'à l'action de la chaleur, qui a pour effet de donner aux molécules un arrangement particulier et nouveau d'où résulte une structure cristalline, et par conséquent l'opacité.

Disons ici au moins un mot du nouveau verre « incassable » tout récemment mis au jour par M. de la Bastie. En trempant le verre, cet inventeur a réussi à lui donner une force de résistance très-considérable. Grâce à lui, le verre semble avoir perdu ce qui était son seul défaut : la fragilité. « Son procédé, nous dit M. de Parville, repose sur ces deux Époints : 1° chauffement graduel du verre jusqn'à ce qu'il devienne malléable, 2° Immersion directe du verre, devenu malléable, dans un bain composé de matières grasses, et porté à une température bien supérieure à celle de l'ébullition de l'eau. On ne peut dire encore d'une façon certaine quel est l'avenir réservé à ce nouveau verre, mais il est du moins permis de penser que c'est une acquisition excellente pour l'industrie.» Les applications en seront évidemment aussi nombreuses qu'utiles, dès qu'il sera fabriqué dans de grandes proportions.

XXVI

OPTIQUE

COMPOSITION ET FABRICATION DES VERRES

Les verres d'optique doivent réunir trois conditions indispensables : une très-grande transparence, une limpidité exceptionnelle, et, de plus, une homogénéité parfaite, car, sans cette homogénéité, les rayons lumineux se trouveraient détournés de la direction qu'ils doivent suivre, et ne concourant pas à un même foyer, donneraient une image déformée.

De telles conditions de perfection demandent donc une composition et un travail tout à fait exceptionnels, que nous espérons faire apprécier du lecteur en laissant la parole à MM. G. Bontemps et Péligot.

Les deux espèces de verres d'optique sont désignées sous les noms de *flint-glass* (cristal ordinaire à base de plomb) et de *crown-glass* (verre à vitre en couronne, page 73).

Voici les deux formules données par M. Bontemps :

Flint-glass.	Silice.	100
	Minium.	105
	Carbonate de potasse . . .	20
	Nitrate de potasse	5

Crown-glass .	Silice.	100
	Carbonate de potasse. . . .	42.66
	Chaux éteinte	21.66
	Nitrate de potasse	2.12

Les deux compositions connues, si nous supposons les deux pots chargés des matières placés dans le four, il ne nous reste plus qu'à écouter M. Péligot, qui va nous initier au travail.

« Les matières étant choisies aussi pures que possible, la fonte se fait dans un four rond, au centre duquel se trouve le pot, qui est couvert (fig. 45).

« Le creuset étant chauffé à part dans un four spécial, on l'introduit par les moyens ordinaires dans le four de fusion également chauffé. Cette opération refroidit le four et le creuset; on les réchauffe avant d'enfourner.

« On débouche l'ouverture du creuset, garnie de deux couvercles destinés à empêcher la fumée de s'introduire dans son intérieur, et on y enfourne le mélange par portions de 20 à 40 kilogrammes. Au bout de huit à dix heures, la totalité du mélange se trouve dans le creuset. On chauffe pendant quatre heures, puis on enlève les couvercles et on introduit dans le creuset le cylindre en terre, préalablement chauffé au rouge blanc. Une barre à crochet[1], horizontale et s'appuyant sur un support à rouleau en fer, est introduite dans la cavité ménagée dans la tête du cylindre, avec lequel on fait un premier brassage qui sert à l'enverrer. Au bout de trois minutes, la barre de fer est portée au rouge blanc. On l'ôte, on pose le bord du cylindre sur le bord du creuset; ce cylindre flotte, légèrement incliné, sur la masse vitreuse. On remet les couvercles et on continue à chauffer. Cinq

---

1. Elle est désignée dans les verreries sous la dénomination de *Guinand*, nom de son inventeur.

heures après, on brasse de nouveau. Les brassages se succèdent alors d'heure en heure, ne durant que les quelques minutes suffisantes pour porter au rouge blanc un crochet de fer.

« Après six brassages, on laisse refroidir le four pendant deux heures, pour faire monter les bulles qui ne sont pas encore dégagées, puis on le chauffe à son maxi-

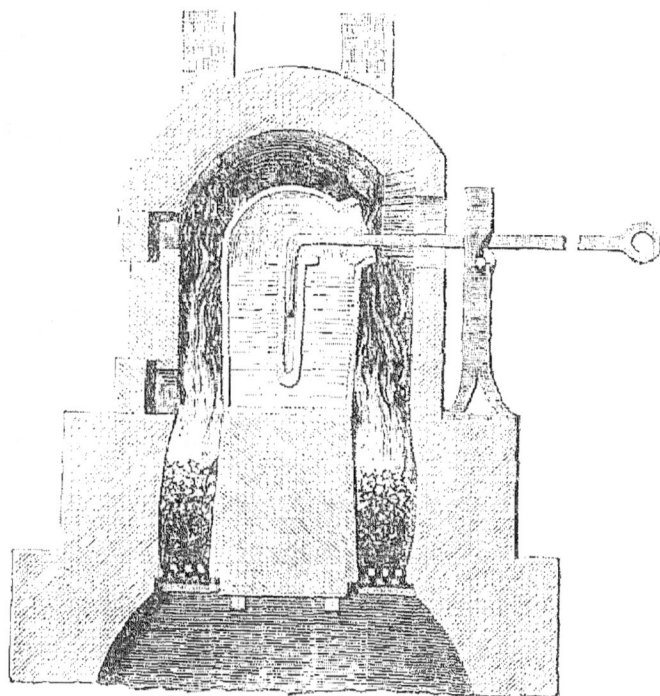

Fig. 45. — Four à verres d'optique.

mum pendant cinq heures. Le verre est très-liquide et entièrement exempt de bulles. On le brasse sans discontinuer pendant deux heures; aussitôt qu'une barre à crochet est chaude, on la remplace par une autre. Comme on a eu le soin de boucher les grilles par-dessous, la matière, en se refroidissant, prend une certaine consistance, et quand le brassage ne se fait plus que difficilement, on ôte le cylindre du creuset. Celui-ci est bouché ainsi que les ouvertures du four. Au bout de huit jours, on sort le creuset, on le casse, et on le sépare avec précaution du *flint*, qui s'y trouve ordinairement en une seule masse. Des faces parallèles polies sont alors faites sur les côtés de cette masse pour examiner son intérieur et voir comment elle doit être débitée. On la scie en tranches parallèles, et en raison des défauts qu'elle peut présenter.

« Quant aux fragments, on en fait des disques en les chauffant à la température nécessaire pour les mouler. »

Voici la définition que M. Boutet de Monvel[1] donne des instruments d'optique : « On désigne sous le nom d'instruments d'optique des instruments destinés à venir en aide à notre vue, trop imparfaite pour nous faire distinguer nettement tous les détails d'un objet, soit lorsque, étant à la distance de la vue distincte, cet objet n'offre que des dimensions excessivement petites, soit lorsque, ayant des dimensions même très-considérables, cet objet se trouve à une énorme distance de notre œil.

« En effet, dans l'un comme dans l'autre cas, le diamètre apparent de l'objet entier étant très-petit, les axes secondaires passant par deux points différents de cet objet, forment un angle excessivement petit. Les points affectés sur la rétine sont alors tellement voisins qu'ils appartiennent à un même filet nerveux, et alors les sensations ne sont plus distinctes; ou bien si les points affectés appartiennent à des filets différents, il y a encore confusion dans les sensations, parce que l'ébranlement donné en chaque point ne peut pas ne pas se propager à une certaine distance tout autour de ce point; et alors, si les points sont très-rapprochés l'un de l'autre, il y aura superposition des deux zones affectées par l'ébranlement, tout étroites qu'on les suppose.

1. *Cours de physique*, p. 869. Librairie Hachette.

« Les instruments d'optique, par une application bien entendue des divers systèmes de lentilles, ou de miroirs, feront disparaître cet inconvénient, en substituant à la vision directe de l'objet, tantôt celle d'une image réelle et agrandie de cet objet, reçue sur un écran, et dont l'œil pourra étudier les détails, à la distance de la vue distincte, sous un angle visuel beaucoup plus grand (microscope solaire, lanterne magique), tantôt celle d'une image virtuelle, vue à la distance de la vue distincte, et avec un diamètre apparent beaucoup plus grand que celui de l'objet mis à la même distance (loupe, microscope simple); tantôt, enfin, la vision d'une image réelle de l'objet (microscope composé, lunettes, télescopes). »

Après une définition aussi lucide des instruments optiques, il ne nous reste plus qu'à rappeler au lecteur le rôle important que le verre joue dans presque toutes les sciences, mais surtout dans l'optique [1], qui n'existe que par lui.

Quoique l'opinion générale dénie aux anciens la découverte des instruments d'optique, nous demandons à faire deux citations qui tendraient à prouver le contraire. En effet, ici « c'est la chronologie chinoise du P. Gaubil, qui nous dit que l'empereur Chan aurait, deux mille deux cent quatre-vingt trois ans avant J.-C., recouru à un instrument d'optique pour observer les planètes [2]; là, c'est David Brewster annonçant qu'on a trouvé dans les fouilles de Ninive une lentille de cristal ayant appartenu à un instrument d'optique [3]. Aristophane lui-même, dans sa pièce les Nuées, fait parler ainsi Socrate et Strepsiade :

« SOCRATE. — Je suppose que l'on t'intente un procès de cinq talents, comment ferais-tu pour échapper à la condamnation ?

1. Du grec optiké, dérivé d'optomai, voir.
2. Écho du monde savant, du 3 avril 1835.
3. Athenœum français, du 18 septembre 1852.

STREPSIADE. — J'ai trouvé un moyen des plus adroits pour anéantir le jugement.

SOCRATE. — Quel est-il?

STREPSIADE. — As-tu jamais vu chez les marchands droguistes cette pierre brillante et diaphane avec laquelle on allume le feu?

SOCRATE. — Tu veux dire le *cristal*.

STREPSIADE. — Ne pourrais-je pas, lorsque le greffier écrirait la condamnation, prendre le cristal, et, me tenant à l'écart, faire fondre au soleil toutes les lettres du jugement? »

On comprend l'importance de ce passage en se rappelant qu'à cette époque les lettres, les jugements, etc., étaient écrits, au moyen d'un style, sur des tablettes enduites de cire.

N'est-il pas, d'ailleurs, naturel d'admettre que des verriers aussi habiles dans tous les produits de la fabrication du verre que les anciens, n'aient pas été conduits à s'apercevoir qu'un verre biconvexe, c'est-à-dire plus épais vers son centre que sur ses bords, a la propriété de grossir les objets?

S'ils ne connaissaient pas les lentilles grossissantes, qu'on nous dise alors par quelle force factice cette pléiade de célèbres graveurs en pierres fines, grecs et romains, pouvaient obtenir une exécution tellement remarquable par le fini, que, pour en apprécier toute la délicatesse, nous devons, nous autres modernes, nous servir de la loupe. On nous citera peut-être ces globes remplis d'eau dont Sénèque parle, lesquels, éclairés par derrière, servaient à grossir les objets; mais, tout en reconnaissant les services que ces globes peuvent rendre dans certaines industries, nous persistons à croire que leur grossissement n'était ni assez puissant, ni assez net, ni assez régulier, ni assez pratique pour être utilisé par les artistes.

Abandonnant les anciens, nous allons essayer de mettre le lecteur à même d'apprécier les immenses services que le verre a rendus et ne cesse de rendre aux sciences qui lui doivent leurs progrès; de faire connaître le nom et le mode de fabrication des principaux appareils d'optique. Nous négligerons souvent la partie extérieure de l'instrument que tout le monde connaît, pour nous occuper spécialement de l'intérieur, car c'est lui seul qui pourra nous initier au jeu différent de chaque espèce de verre.

Avant de passer outre, nous devons, sous peine d'être inintelligible, dire un mot sur la lumière [1].

Il y a moins de deux cents ans, qu'était la lumière? Un je ne sais quoi incolore, dont chacun se servait sans s'inquiéter le moins du monde des diverses parties qui pouvaient le composer, lorsque l'illustre Newton [2] divulgua tout à coup ses secrets. L'Europe apprit, grâce à ses travaux, non-seulement que la lumière était décomposable, mais qu'elle se composait de sept couleurs : rouge, orange, jaune, vert, bleu, indigo et violet.

Comment Newton avait-il pu arriver à cette découverte? De combien d'instruments compliqués avait-il dû se servir!...

La poche de Newton pouvait contenir tout l'attirail nécessaire, car il se bornait à un simple petit morceau de verre, connu, en optique, sous le nom de prisme.

1. La lumière nous vient du soleil en 8 minutes 13 secondes; pour arriver jusqu'à nous, elle parcourt, dans ce court laps de temps, 77.000 lieues.

2. Isaac Newton, né à Woolstrop (comté de Lincoln), en 1642, mourut en 1727.

PRISME

En dioptrique[1] on donne le nom de prisme à un solide transparent, ayant la figure d'un prisme triangulaire, c'est-à-dire dont les deux extrémités forment deux triangles égaux et parallèles, et dont les trois autres faces, qui en circonscrivent le contour, sont des parallélogrammes très-polis. Pour la commodité de l'observateur, le prisme est généralement adapté à une garniture métallique portée par un pied à tirage, permettant de le placer à telle hauteur et sous telle inclinaison que l'on veut (fig. 46).

Pour expérimenter, il faut une chambre totalement obscure, ne recevant de jour que par une ouverture faite au volet, et n'ayant que quelques millimètres de diamètre, par laquelle passera un rayon de soleil qu'on désigne sous le nom de *faisceau de lumière solaire* S (fig. 47).

Sans prisme, ce faisceau tombant directement sur le parquet S, formera une image ronde et blanche; mais si un prisme en flint-glass P est placé horizontalement devant l'ouverture, le faisceau de lumière se réfracte[2] vers la base du prisme, et au lieu de l'image incolore que nous avions tout à l'heure en S sur le parquet, on voit sur un écran vertical éloigné de 5 à 6 mètres[3] une image E colorée des belles teintes de l'arc-en-ciel.

Cette image s'appelle le *spectre solaire*. On y dis-

. 1. Du grec *dia*, à travers, et *optomai*, voir, regarder. Dans son sens le plus étendu, la dioptrique a pour objet de considérer et d'expliquer les effets de la réfraction de la lumière, lorsqu'elle passe par différents milieux, tels que l'eau, le verre et surtout les lentilles.

2. Par réfraction, on entend les déviations qu'éprouvent les rayons lumineux lorsqu'ils passent obliquement d'un milieu dans un autre.

3. L'angle réfringent du prisme étant de 60 degrés, l'écran sur lequel on reçoit le spectre doit être éloigné de 5 à 6 mètres. (Ganot, *Traité élémentaire de Physique*, p. 418.

tingue comme nous avons dit sept principales couleurs, qui sont : le rouge, l'orange, le jaune, le vert, le bleu, l'indigo et le violet.

La lumière étant décomposée en rayons colorés, il restait à chercher le moyen de la reproduire incolore, telle qu'elle était avant d'avoir passé par le prisme. Si Euler[1]

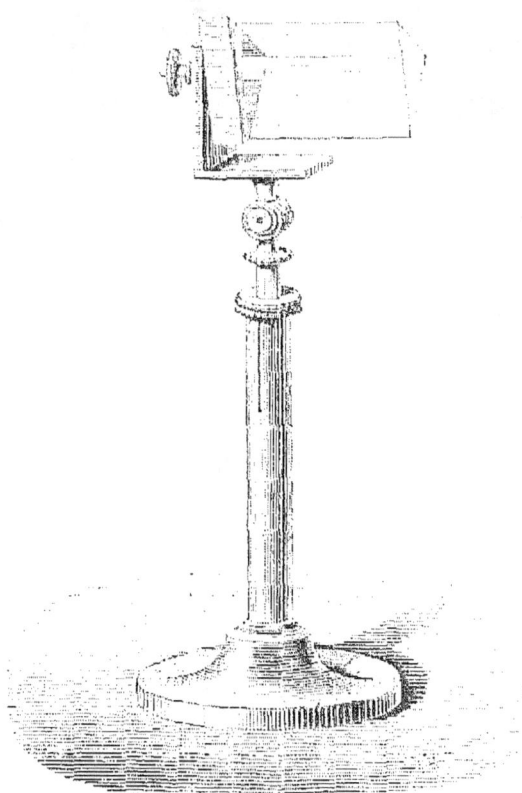

Fig. 56. — Prisme.

fut le premier qui résolut le problème, Hall, puis Dollong, créèrent l'*achromatisme*[2], qui, détruisant dans les lunettes les couleurs parasites de la lumière, permet de ne laisser voir que celles des objets que l'on regarde.

1. Léonard Euler, célèbre géomètre, né à Bâle en 1707. Quoique devenu aveugle à l'âge de cinquante-neuf ans, il n'en continua pas moins à se livrer à l'étude. Il mourut en 1783.

2. De *a* privatif, sans, *chroma*, couleur.

L'achromatisme s'obtient en combinant, suivant cer-

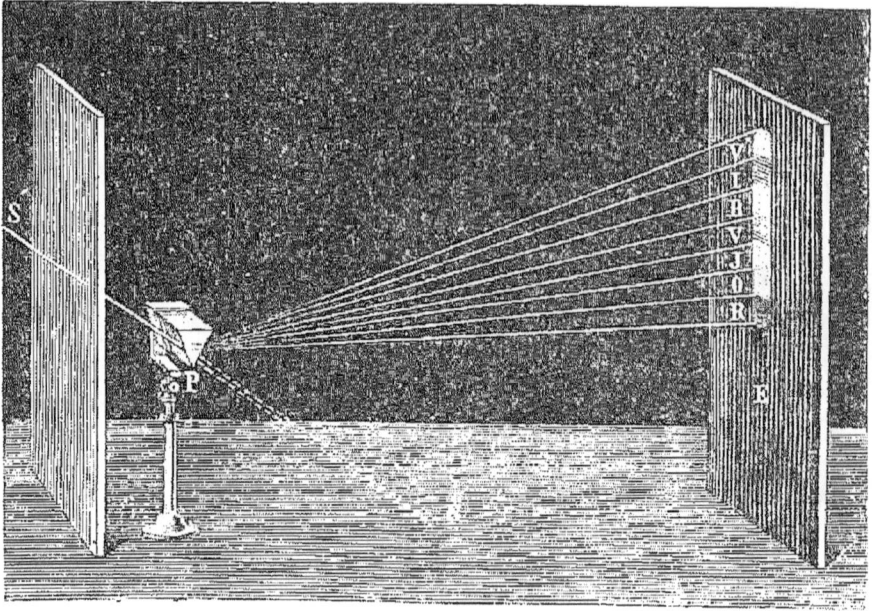

Fig. 47. — Spectre solaire.

taines règles, deux sortes de verres, l'un en crown-glass,
l'autre en flint-glass, réunis ou collés ensemble (fig. 48)[1].

Il y a plusieurs moyens de décomposer le
spectre solaire et de rendre à la lumière sa
couleur blanche. Nous nous contenterons
d'en indiquer trois.

Le premier consiste à faire passer le spectre solaire à travers un autre prisme de même

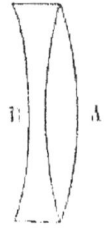

Fig. 48.

angle réfringent que le premier, mais tourné en sens
contraire. Le second moyen s'obtient en recevant la ligne
spectrale sur une lentille biconvexe, derrière laquelle on
place un petit écran de carton qui reçoit tous les rayons
devenus blancs.

1. Ces verres se collent ensemble à chaud, au moyen d'une résine
transparente qui est le baume du Canada, sorte de térébenthine d'une
limpidité parfaite.

Le troisième mode consiste à recevoir sur sept petits miroirs de verre, à face bien parallèles, les sept couleurs du spectre (fig. 49).

Les miroirs étant convenablement dirigés, on fait d'abord tomber sur le plafond les sept faisceaux réfléchis, de manière à y former sept images distinctes, violet, in-

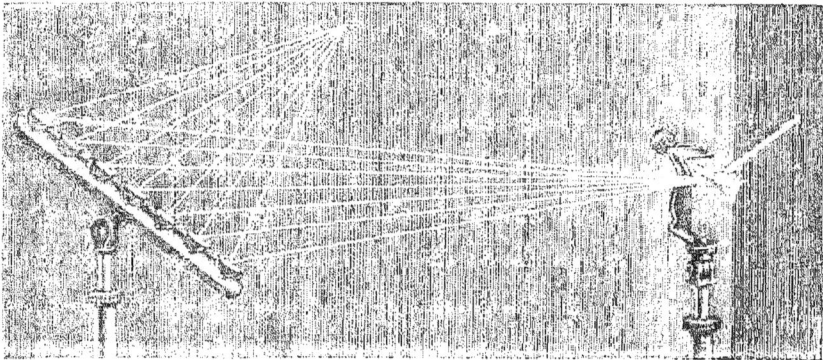

Fig. 49. — Recomposition de la lumière.

digo, bleu, vert, jaune, orange; puis, faisant successivement mouvoir les miroirs de manière que les sept images viennent exactement se superposer, on obtient une image unique qui est blanche.

FORMES DES VERRES D'OPTIQUE

Les verres employés dans l'optique se divisent en trois classes :

Le verre plan, qui laisse voir les objets sous leurs formes et dimensions réelles;

Le verre convexe (à une surface bombée), qui les grossit;

Le verre concave (à une surface creusée), qui les diminue;

En combinant des surfaces sphériques entre elles, ou

avec des surfaces planes, on forme six espèces de lentilles[1], dont trois sont convergentes et trois divergentes[2].

Les lentilles *convexes* donnant une grande dispersion
de sphéricité et réfractant la lumière à la manière des
prismes, on remédie à cet inconvénient en combinant ensemble deux sortes de verres : le crown-glass et le flint-
glass.

C'est au moyen de cette union qu'on est arrivé à fabriquer ces lunettes achromatiques qui, seules, comme on
sait, font voir les images colorées exactement comme les
objets mêmes, sans mélange de couleurs étrangères.

Les formes et l'utilité de deux verres dissemblables
étant connues, indiquons par quel moyen on obtient les

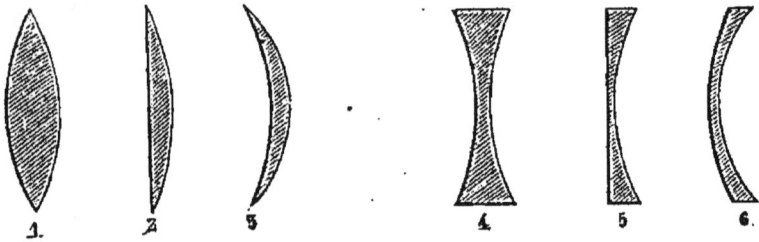

Fig. 50. — Verres d'optique.

verres d'optique. Qu'ils proviennent d'un disque épais,
ou d'une simple plaque de verre, ils ne peuvent devenir
lentille optique qu'au moyen d'une courbure qui s'obtient en usant le verre avec de l'émeri mouillé sur des
calottes ou dans des bassins en cuivre.

1. On a donné le nom de *lentille* à des milieux transparents qui, vu
la courbure de leur surface, ont la propriété de faire *converger* ou
diverger les rayons lumineux qui les traversent. On croit que ce nom
leur a été donné à cause de leur ressemblance avec le petit légume
qu'on mangeait déjà du temps d'Ésaü.

2. Par le mot *convergent*, on entend la disposition des rayons des
corps lumineux qui vont en s'approchant jusqu'à ce qu'ils se réunis-
sent tous en un point. Par *divergent* on désigne, au contraire, deux
rayons qui vont en s'écartant.

M. Arthur Chevalier[1] va nous initier en peu de mot
à cette fabrication.

« Le bassin, dit-il, sert à faire les verres bombés ou convexes ; et la balle, les verres creux ou concaves (fig. 51).

« Chaque outil représente un rayon de courbure. Pour
faire l'outil on fait d'abord un calibre en traçant sur une
planche de cuivre une courbure d'un rayon donné. On
découpe ensuite et on obtient deux cylindres, l'un concave, l'autre convexe, qui servent à fabriquer le bassin
ou la balle.

« L'outil, muni d'une tige à vis, se fixe sur le tour de
l'opticien, soit dans un écrou fixe, soit sur un arbre mobile qui peut se mouvoir circulairement.

« Le travail à l'outil fixe se pratique pour les verres
d'un certain diamètre. Pour les verres petits, on les tra-
vaille sur le tour, qui se compose d'une table solide, que
l'on construit ordinairement en noyer. Sur la gauche de
la table se trouve un arbre vertical, maintenu dans des
collets et terminé par une pointe qui pivote dans une
pièce placée *ad hoc*.

« A cet arbre se trouve fixé un volant, et à son extrémité supérieure une pièce en fer qui, placée horizontalement, reçoit une poignée en bois.

« Sur la droite du tour se trouve un arbre semblable
au précédent et muni d'une poulie. Le volant et la poulie
sont réunis par une corde en cuir. L'arbre à poulie reçoit
l'outil. En faisant mouvoir l'arbre de gauche sur son
pivot, on obtient nécessairement un mouvement circulaire qui entraîne l'outil. Si la main, maintenue par un
support, présente le verre à la surface de l'outil qui, lui-
même a reçu un corps usant (l'émeri), on se rend compte
des effets qui se produisent. »

Si notre but ne peut être ici que de donner une idée du

1. *Hygiène des yeux*, publiée en 1862. Librairie Hachette.

principal mode de cette fabrication, et non de la suivre dans ses nombreuses phases, notre devoir est de renvoyer le lecteur désireux d'approfondir la question à l'excellent ouvrage publié sur la matière par M. A. Chevalier.

Dessin.   Taille.

Fig. 51.

Nous avons fait connaître la composition chimique des verres d'optique, leurs différents modes de fabrication et de taille; nous allons chercher maintenant quelle peut être l'origine de chacun des principaux instruments d'optique, et faire apprécier leur importance scientifique[1].

Afin de procéder du simple au composé, nous commencerons par celui de tous les instruments qui offre le moins de complications et qui, par son usage presque général aujourd'hui, se trouve pour ainsi dire en dehors des instruments d'optique proprement dits.

1. Pour les instruments spécialement relatifs à la fantasmagorie, etc., nous renvoyons le lecteur aux *Merveilles de l'optique*, décrites par F. Marion. Paris, Hachette.

Chacun devine aisément que nous voulons parler des besicles ou lunettes.

BESICLES OU LUNETTES

D'où vient le mot besicles ?

Faut-il le faire dériver, comme plusieurs auteurs, de *bis oculi* (deux yeux) ou bien de *bis cyclus* (deux ronds).

Nous laissons au lecteur à choisir.

D'où vient le nom de lunettes ?

Même doute. L'opinion la plus accréditée est que le mot lunette n'est autre chose que le diminutif de *lune*, petite lune; toujours par la raison qu'autrefois les verres de lunettes, aujourd'hui de forme ovale, étaient ronds.

Si le doute existe sur l'étymologie de ces deux mots, l'origine des objets eux-mêmes est également obscure. On ne trouve dans les ouvrages anciens rien ayant trait direct à l'usage des besicles et des lunettes.

Le document le plus reculé que nous puissions donner date de l'an 1303, et se trouve dans la *Grande chirurgie*, de Gui de Chauliac. Après avoir prescrit l'usage de certains collyres, cet auteur dit : *Si cela ne suffit pas, il faudra recourir aux lunettes.*

Donc, dès 1303, l'usage des lunettes était connu.

Jérôme Savonarole (1490), dans un discours sur la mort, nous apprend « que, comme les lunettes tombaient, il devint nécessaire de mettre la barrette ou quelque crochet pour les fixer et les empêcher de tomber. »

C'est l'indication d'un premier perfectionnement.

Une ancienne chronique latine, existant autrefois au couvent de Sainte-Catherine de Pise, rapportait que « frère Alexandre de Spina, homme bon et modeste, avait le talent de reproduire tous les travaux qu'il voyait ou qu'on lui décrivait. Il fit des lunettes, dont l'inventeur ne voulait pas enseigner la fabrication, et communiqua de bon cœur ses procédés. »

Grâce à Alexandre de Spina, voilà donc l'usage des lunettes répandu, mais quel en fut l'inventeur? Car nous voyons que Spina n'était qu'un reproducteur habile.... La *Florence illustrée*, de Leopoldo del Migliore, célèbre antiquaire florentin, soulevant le voile, nous apprend que le premier inventeur des besicles et des lunettes fut le seigneur Salvino Armato, ainsi que le confirme son inscription tumulaire :

QUI GIACE
SALVINO D'ARMATO DEGLI ARMATI
DI FIRENZE
INVENTOR DEGLI OCCHIALI
DIO GLI PERDONIE A PECCATA
ANNO MCCCXVII

(Ci-gît Salvino Armato d'Armati de Florence, inventeur des lunettes. Dieu lui pardonne ses péchés. L'an 1317.)

Si le lecteur veut étudier de plus près les perfectionnements successifs apportés dans les lunettes, il consultera utilement l'ouvrage de M. Arthur Chevalier.

LOUPE

D'après certains auteurs, l'usage de la loupe, telle que nous la connaissons, et qui n'est rien autre chose qu'une simple lentille biconvexe, ne remonte pas au delà du quatorzième siècle [1], et ce serait à son grossissement, qui est de cinquante fois son diamètre, que Leuvenhoek, Swammerdam et Lyonnet auraient dû leurs travaux anatomiques.

Soit que de forme sphérique on la place dans la cavité de l'œil, soit que plus grande on la tienne à la

---

1. Voyez, page 236, ce que nous avons dit d'une lentille trouvée dans les ruines de Ninive.

main, la loupe présente toujours, pour les sciences surtout, deux grands inconvénients, celui d'iriser les contours des objets vus à une certaine distance, et celui d'une oscillation continuelle due tant au mouvement nerveux de l'œil qu'à celui de la main.

Désirant obvier à ces deux défauts, la science trouva un instrument qui détruisait à la fois non-seulement l'aberration de sphéricité et le mouvement d'oscillation, mais qui donnait un grossissement bien plus considérable.

Cet instrument est connu sous le nom de microscope[1].

Avant d'entrer en matière, nous appelons toute l'attention du lecteur sur l'importance des microscopes, qui, comme on va le voir, offrent non-seulement aux sciences, mais encore à l'industrie, les ressources les plus merveilleuses.

Tenant à n'avancer que des faits avérés, nous croyons devoir prévenir que les exemples cités par nous, quelque extraordinaires qu'ils puissent paraître, ont été fidèlement pris dans les documents les plus dignes de foi et dus aux patientes recherches de savants dont la France s'honore.

On connaît quatre sortes de microscopes :

Le microscope simple;

Le microscope composé;

Le microscope solaire;

Le microscope photo-électrique.

MICROSCOPE SIMPLE

Le microscope simple se compose d'une ou plusieurs lentilles convergentes superposées qui, agissant comme

1. Du grec *mikros*, petit, et *skopeo*, je regarde.

OPTIQUE.

une seule, donnent une image virtuelle, droite et amplifiée.

Cette lentille, qui est placée dans la partie inférieure de l'œillon, a au-dessous d'elle, le *porte-objet*, qui contient, soit entre deux verres, soit sur un seul, l'objet à observer. Au-dessous, et afin que l'objet soit plus éclairé,

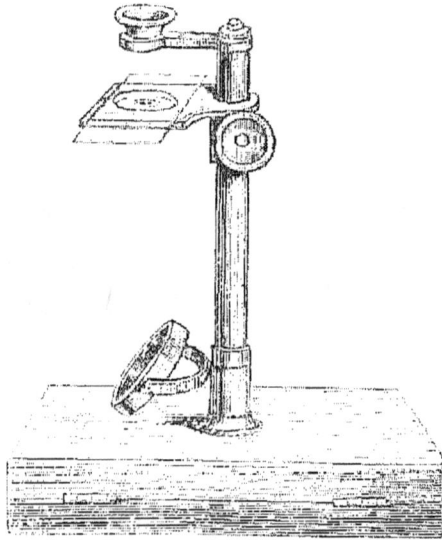

Fig. 52. — Microscope simple.

on adapte un petit miroir concave et mobile, qui renvoie, en l'amplifiant, la lumière sur l'objet.

Un microscope simple peut donner un grossissement très-net jusqu'à cent vingt fois en diamètre (fig. 52)[1].

MICROSCOPE COMPOSÉ

Si l'on ignore quel fut l'inventeur du microscope simple, invention très-simple elle-même, puisque, comme il est facile de s'en convaincre et comme nous l'avons dit, il ne s'agissait que de placer une loupe sur une armature fixe, il n'en est pas de même pour le microscope composé. Deux inventeurs, tous deux Hollandais, réclament la

1. Ganot, *Traité élémentaire de physique*, p. 49, n° 463.

priorité de l'invention : l'un, Cornélius Drebbel, qui en aurait eu l'idée en 1572 ; l'autre, Zacharie Jansen, qui aurait présenté le sien, en 1590, à l'archiduc d'Autriche Charles-Albert.

L'essai de Zacharie Jansen ne fut pas heureux, car, malgré la grande longueur de son microscope (il mesurait deux mètres), à peine les savants purent-ils amplifier les objets plus de cent cinquante fois en diamètre, et encore d'une manière diffuse.

Cet essai n'ayant pas atteint le but qu'on espérait, resta oublié jusqu'au jour où, deux cents ans après, John Dollong, opticien anglais, reprenant l'idée de Jansen, appliqua au microscope les lois de l'achromatisme qu'il venait de découvrir, et dont le résultat est, comme nous l'avons dit page 241, de corriger cette aberration de réfrangibilité qui était le défaut principal de l'instrument de Jansen.

Comme on le voit (fig. 53), le microscope composé actuel a la forme d'un tube rond et vertical dont la partie supérieure seule monte et descend à volonté, à l'aide d'une vis E qui, approchant ou éloignant l'objectif, permet à l'observateur d'obtenir un grossissement plus ou moins considérable. Sur la partie inférieure est une autre vis A servant à donner l'inclinaison voulue à la petite glace qui, placée sous le porte-objet, est un réflecteur concave dont les rayons réfléchis augmentent la puissance de la lumière. A l'extrémité supérieure

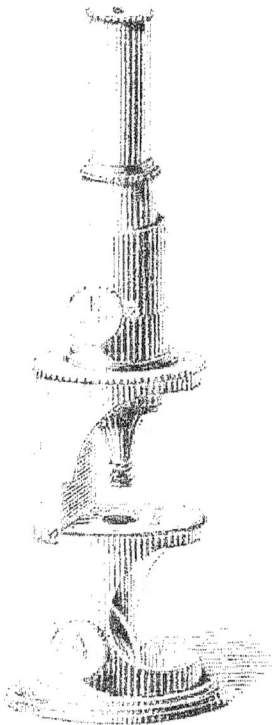

Fig. 53.
Microscope composé.

du microscope est l'oculaire qui, correspondant à l'objectif, beaucoup plus petit et plus puissant que lui, se trouve dans le petit cylindre placé près du porte-objet.

Guidé par M. F. Marion[1], essayons maintenant de nous rendre compte de la marche des rayons lumineux (fig. 54).

« L'objet que l'on observe est placé en a sur une lame de verre nommée, pour cela, porte-objet. Une petite lentille convergente b donne en cd une image réelle, renversée et amplifiée, de l'objet placé en a. Une autre lentille convergente, plus grande, est placée en B, de telle sorte que l'œil qui regarde au travers, au lieu de voir l'image cd simplement agrandie par la première lentille, voit en CD une image virtuelle de nouveau amplifiée. La lentille placée près de l'objet se nomme l'*objectif*; celle placée près de l'œil se nomme l'*oculaire*. Le grossissement dépend surtout de l'objectif. En se servant de trois lentilles superposées, au lieu d'une, on augmente singulièrement le pouvoir amplifiant. Grâce aux progrès réalisés dans l'optique par les constructeurs modernes, le grossissement du microscope a pu être porté jusqu'à 1800 fois le diamètre d'un objet. C'est agrandir 3 260 000 fois sa surface ! Aussi de telles amplifications diminuent-elles de beaucoup la netteté des contours et la clarté des images.

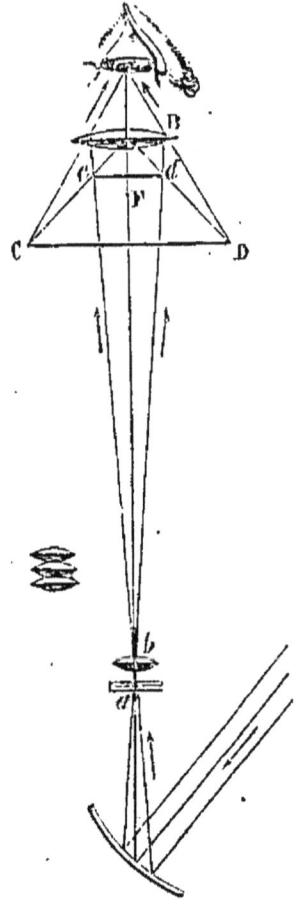

Fig. 54. — Marche des rayons lumineux.

1. *Bibliothèque des merveilles : l'Optique.* Librairie Hachette.

« Dans la majorité des cas, et pour les études d'analyse, un bon grossissement ne dépasse pas 600 diamètres, c'est-à-dire 360 000 fois la surface réelle de l'objet observé. »

À ces mots, trois cent soixante mille, que je répète en toutes lettres, afin de constater qu'il n'y a pas d'erreur typographique, j'entends déjà quelques lecteurs crier à l'exagération ; il n'en est rien pourtant, et comme le premier besoin des savants eux-mêmes est de se rendre un compte exact de la vérité à cet égard, ils ont inventé un instrument qui, désigné sous le nom de micromètre, devient l'exact contrôleur du microscope, car il rend excessivement facile la vérification de ses résultats.

MICROMÈTRE[1]

Ainsi qu'on le voit (fig. 55), cet instrument de précision consiste en une petite lame de verre sur laquelle

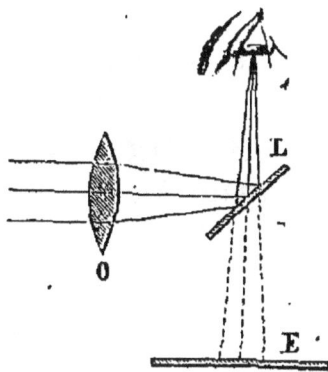

Fig. 55. — Micromètre.

sont tracés au diamant des traits parallèles, distants les uns des autres de $\frac{1}{10}$ ou $\frac{1}{100}$ de millimètre. Le micromètre se place au-devant de l'objectif, de telle sorte qu'au lieu de recevoir directement dans l'œil les rayons qui émergent de l'oculaire O, l'observateur les reçoit sur une lame de verre à faces parallèles L, inclinée de 45 degrés. Au-dessous du micromètre est placée une échelle E, divisée en millimètres. Il suffit donc de compter les divisions de l'échelle qui correspondent à un certain nombre de traits de l'image, pour connaître le grossissement exact.

1. Du grec m kros, petit, et metron, mesure.

Un exemple suffira pour faire comprendre ce calcul très-facile à faire. Supposons que l'image occupe sur l'échelle 0^m,45, tandis qu'elle ne comprend que 15 traits du micromètre; en supposant que l'intervalle de ceux-ci soit de $\frac{1}{100}$ de millimètre, la grandeur absolue de l'objet sera de $\frac{15}{100}$ de millimètre; et celle de l'image étant de 0^m,45, le grossissement sera le quotient de 45 par $\frac{15}{100}$ ou 300. Le grossissement étant connu, il est facile d'en déduire la grosseur absolue des objets placés devant l'objectif. En effet, le grossissement étant le quotient de la grandeur de l'image par la grandeur de l'objet, il s'ensuit que, pour avoir la grandeur de ce dernier, il suffit de diviser la grandeur de l'image par le grossissement.

Maintenant que, grâce à l'infaillibilité mathématique du micromètre, les résultats les plus extraordinaires du microscope deviennent indiscutables, qu'il nous soit permis, en empruntant la plume de M. L. Figuier[1], de mettre sous les yeux du lecteur une partie des nombreuses révélations dues au microscope.

» Appliqué à une foule d'objets de la nature, le microscope charme nos yeux, étonne notre esprit, ravit notre imagination, devant les merveilles d'organisation qu'il nous révèle au sein des corps organisés. Un petit fragment de l'herbe de nos prairies, l'œil le plus imperceptible d'un insecte, soumis à l'action de cet admirable instrument, nous découvrent tout un monde nouveau où s'agitent l'activité et la vie. Une goutte d'eau empruntée à un ruisseau chargé de quelques immondices végétales, une matière organique en voie de décomposition, laissent apparaître, si on les observe au microscope, des myriades d'êtres vivants, d'animaux ayant chacun une

---

1. *Les grandes inventions anciennes et modernes*, p. 155. Paris, Hachette, 1861.

organisation parfaite, et accomplissant leurs fonctions physiologiques comme les grandes espèces que nous connaissons.

« La révélation de ce monde invisible, que les anciens ont ignoré, est, pour les générations modernes, un motif de plus d'admirer la toute-puissance du Créateur.

« Dans les sciences proprement dites, les applications du microscope sont nombreuses. Les chimistes emploient cet instrument pour découvrir les cristaux qui rendent certains liquides opalins ou nacrés, pour étudier leurs formes et les différencier d'autres substances analogues. Entre les mains du médecin, il peut servir à faire reconnaître diverses maladies par la seule inspection des liquides vitaux : le sang, le lait, l'urine, le mucus, la salive, etc.; il sert encore à mettre en évidence les falsifications nombreuses auxquelles peuvent être soumis le fil, la soie, la laine, etc., et les matières alimentaires, telles que l'amidon et les farines. Il sert enfin à mesurer les corps les plus ténus. On a pu, de cette manière, reconnaître que la dimension des globules du sang n'est que 1/152e de millimètre de diamètre[1].

« Nous occasionnerons sans nul doute à nos lecteurs une vive surprise et une haute admiration pour les procédés de la science, en leur apprenant que, grâce à certaines machines à diviser[2], on a pu exécuter, dans le faible intervalle que mesure un millimètre, jusqu'à mille

1. À l'appui des paroles de M. L. Figuier. nous croyons intéressant de montrer ici leur application par M. le docteur François Roussin, professeur de chimie, lors du procès Philippe (journal *la Liberté* du 28 juin 1866) : Le sang se compose de parties solides et d'eau. L'eau disparaît, mais il reste des globules concaves d'un diamètre exactement déterminé. L'observation au microscope permet d'apercevoir des globules blancs qui sont moins résistants que les rouges ; de plus, on voit dans la tache de sang des paquets de fibrines régulières. C'est à ces trois caractères que les chimistes reconnaissent la présence du sang sur des étoffes ou autres objets. »

2. Voyez, page 253, ce que nous disons du *micromètre*.

divisions égales. Quand on regarde au microscope un millimètre ainsi divisé en mille parties égales, on aperçoit très-nettement chacune de ces divisions. »

Après ces phénomènes si clairement exposés par M. L. nous ne pouvons mieux faire que de citer une découverte assez nouvelle qui se trouve insérée dans un mémoire lu à l'Académie des sciences (1866), par M. Athanase Dupré.

Savez-vous, cher lecteur, combien il peut y avoir de molécules dans une toute petite goutte d'eau? — Non. — Eh bien, M. Dupré a prouvé qu'*un* cube d'eau d'un millième de millimètre de côté, visible seulement avec un puissant microscope, contient plus de cent vingt-cinq milliards de molécules. Par conséquent, dans un millimètre cube, il s'en trouvera plus de cent vingt-cinq quintillions.

Remercions le savant d'avoir bien voulu négliger les fractions.

Avant de clore les merveilles dues au microscope, merveilles que, du reste, nous aurions facilement pu rendre beaucoup plus nombreuses, il en est une sur laquelle nous appelons toute l'attention du lecteur, en ce sens que, détruisant le seul défaut du microscope, elle devient le complément indispensable des services qu'il rend.

En effet, si le microscope a le pouvoir de donner un grossissement tel, qu'il livre à nos observations tout un monde que la faiblesse de l'organe de notre vue n'apercevrait pas sans son secours, il faut reconnaître que le grossissement obtenu nous échappe dès que notre œil n'est plus placé sur l'oculaire; de là l'impossibilité de conserver le résultat, la figuration complète et réelle de l'objet grossi, lequel ne pouvant plus être constaté que par notre souvenir, devient forcément fugitif, contestable et souvent erroné.

Au nombre des intelligentes découvertes dues à

MM. Nachet, opticiens, il en est une qui apporte une notable amélioration dans les observations microscopiques en ce qu'elle permet à l'observateur lui-même de reproduire sur le papier, par une sorte de calque, les infinis détails de l'image perçue.

Nous donnons au lecteur les quelques lignes que MM. Nachet ont bien voulu nous communiquer sur l'effet de leur appareil (fig. 56).

« Cet appareil, qu'on peut désigner sous le nom de

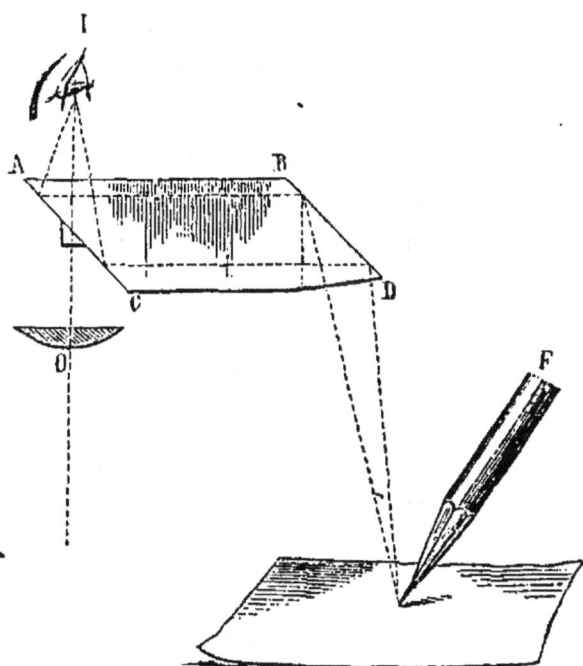

Fig. 56. — Chambre claire.

chambre claire, consiste en un prisme de verre, A, B, C, D, de forme à peu près rhomboïdale. Sur la face A, C, se trouve appliqué, à l'aide d'une matière transparente, un petit prisme construit et placé de manière que l'une de ses faces soit parallèle à la face A, B, de sorte que les rayons émergents de l'oculaire O du microscope puissent arriver à l'œil placé en I sans souffrir aucune réfraction, absolument comme si on regardait au travers d'une lame de verre à surfaces parallèles. Maintenant si nous plaçons un crayon F sous la face B, D, son image, réfléchie par cette face, sera envoyée sur la face A, C, et, réfléchie de nouveau, elle arrivera à l'œil qui, en même temps, perçoit l'objet vu dans le microscope. Les deux impressions se superposant dans l'œil, rien n'est donc plus facile que de suivre les contours sur le papier placé sous la projection de la surface B, D, à une distance égale à celle de la vision distincte. Pour obtenir le *décalque* d'une image qui n'existe que dans l'œil, il suffit que le crayon soit convenablement éclairé et que la pointe puisse être nettement perçue par la rétine déjà impressionnée par les contours des objets qu'on veut reproduire. Alors sans déranger l'œil de l'oculaire du microscope, il n'y a plus qu'à suivre. »

Après une description aussi clairement faite sur les effets du prisme, il ne nous reste plus qu'à recommander son adjonction, d'ailleurs très-facile, à tous les microscopes ; car si le grossissement donné par ce dernier met à même d'étudier, d'admirer dans leurs détails les plus cachés les formes si variées et si curieuses des infiniment petits, n'oublions pas que c'est au moyen du prisme seul que nous en obtiendrons la reproduction exacte et durable.

Il nous reste à parler maintenant du microscope solaire, ainsi que de celui désigné sous le nom de microscope photo-électrique ; mais auparavant, et cela sans nous écarter de notre sujet, qu'il nous soit permis de commencer par dire un mot de cet ancien jouet qu'on nomme la *lanterne magique*.

Cette machine, aujourd'hui délaissée, avait été perfectionnée en 1675 par le célèbre jésuite Kircher, et, malgré sa modestie, elle est le point de départ, le type presque complet des deux microscopes très-sérieux qui nous restent à étudier.

LANTERNE MAGIQUE

La boîte de la lanterne, construite en fer-blanc, contient à l'intérieur une lampe à réflecteur concave en métal poli. Vis-à-vis de ce réflecteur est un tube composé de deux parties, dont l'une, mobile, C, D, rentre dans l'autre. L'extrémité du tube est armée d'une lentille plan convexe ou demi-boule c, tandis que dans l'autre se trouve une lentille biconvexe, d.

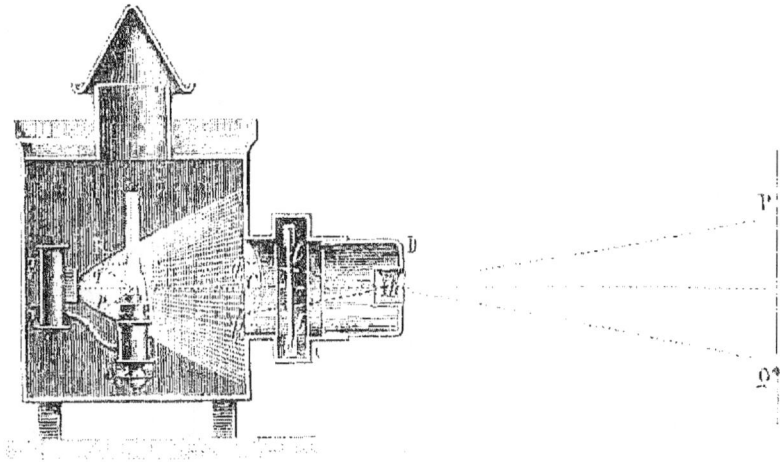

Fig. 57. — Lanterne magique.

Dans la rainure bb se glisse une plaque de verre, représentant un ou plusieurs sujets peints en couleurs très-transparentes.

On comprendra que de la lumière directe de la lampe, se concentrant sur la lentille c, naît une lumière assez vive pour éclairer les plaques de verre et les traverser de telle sorte que les objets peints apparaissent sur une toile blanche P, Q, appendue au mur, dans une chambre totalement obscure.

La toile blanche sur laquelle les objets se dessinent étant immobile, puisqu'elle est tendue sur le mur, on a dû chercher un moyen de varier la distance et la grandeur de l'image ; cet effet s'obtient en enfonçant plus ou moins la partie mobile du tube dans celle qui est fixe.

Comme, à aucune époque, on n'a vu les hommes marcher sur la tête, les racines des arbres en l'air et les animaux trottant sur le dos, le montreur de la lanterne évite cet effet malséant en plaçant sens dessus dessous le sujet qu'il veut montrer. Par les lois de l'optique, le sujet qui eut été renversé se trouve alors sur ses pieds[1].

Constatons maintenant les points de ressemblance entre la lanterne magique et les microscopes.

MICROSCOPE SOLAIRE

Le microscope solaire (fig. 58), inventé, en 1740, par Lieberkuhn, est, ainsi que son nom l'indique, éclairé par les rayons du soleil qui remplacent la lampe de la lanterne magique.

Placé dans une chambre totalement obscure, on obtient les rayons solaires en adaptant ce miscroscope à une fenêtre garnie d'un volet en bois dans lequel on a ménagé une très-petite ouverture correspondant à la lentille placée dans le tube. A l'extérieur de la fenêtre se trouve un miroir qui, recevant les rayons solaires, les réfléchit vers une lentille convergente et de là sur une deuxième lentille qui, formant foyer, (de là son nom *focus*[2]), les concentre.

L'objet à examiner se place entre deux lames de verre adhérentes au moyen d'un ressort à boudin.

Malgré les phénomènes qu'il produit, et dont nous dirons tout à l'heure quelques mots, le microscope solaire présente plusieurs inconvénients. Le premier est

---

1. Cette observation s'applique à tous les travaux microscopiques.
2. Mot latin : feu, foyer.

l'instabilité de la lumière du soleil qui, malgré l'inclinaison que l'on donne au miroir au moyen d'une vis de
rappel, ne permet souvent pas de terminer une opération. Le second résulte de la concentration d'une chaleur telle que l'objet à examiner s'altère promptement.

On remédie en partie à ce dernier défaut en plaçant
devant l'objet une couche d'eau saturée d'alun; cette

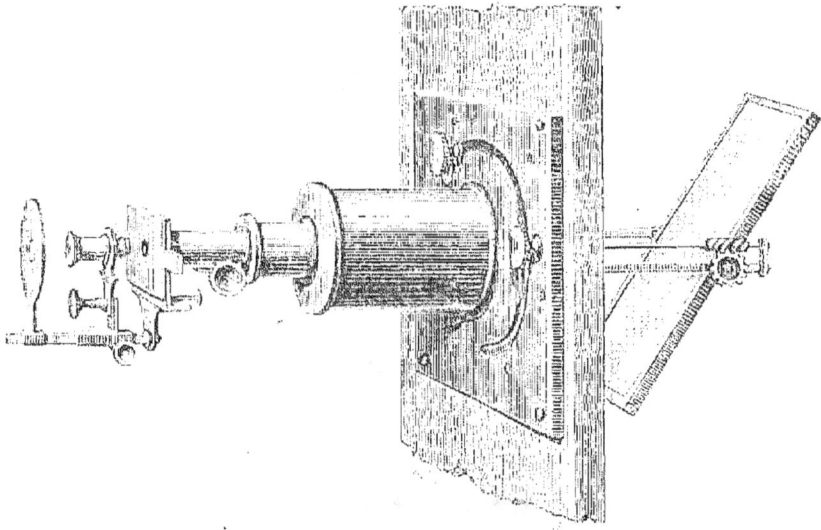

Fig. 58. — Microscope solaire.

substance laisse passer la lumière sans être traversée par
la chaleur.

Ayant mentionné les défectuosités inhérentes à l'instrument, nous serions ingrat si nous omettions de citer
quelques-uns des avantages. Sa puissance est telle, que,
grâce à son secours, on a pu étudier la circulation du
sang dans la queue des têtards (larves de la grenouille)
ainsi que dans les pattes des grenouilles; les animalcules
invisibles à l'œil qui se trouvent dans le vinaigre, la
pâte de farine, l'eau, et enfin la cristallisation des sels.

MICROSCOPE PHOTO-ÉLECTRIQUE

La construction et les résultats de ce nouveau microscope étant identiquement les mêmes que ceux du microscope solaire, dont nous venons de parler, nous n'avons qu'à nous occuper du mode de son éclairage.

La lucidité avec laquelle le savant M. Ganot[2] a su traiter une matière aussi ardue, nous engage à reproduire ici ce qu'il en a dit :

« Le microscope photo-électrique n'est autre chose qu'un microscope solaire qui, au lieu d'être éclairé par le soleil, l'est par la lumière électrique. Cette lumière, par son intensité, par la fixité qu'on parvient à lui donner, et par la facilité avec laquelle on peut se la procurer à toute heure de la journée, est de beaucoup préférable à l'emploi de la lumière solaire (fig. 59).

« Ce sont MM. Foucault et Donné qui ont imaginé le microscope photo-électrique.

« Sur une boîte rectangulaire de cuivre jaune est fixé extérieurement un microscope solaire, en tout identique à celui décrit ci-dessus. Dans l'intérieur sont deux baguettes de charbon qui ne se touchent pas tout à fait, leur intervalle correspondant exactement à l'axe des lentilles du microscope. L'électricité d'une forte pile arrive par un fil de cuivre au premier charbon, de celui-ci elle passe sur le second charbon qui, pour cela, doit d'abord être en contact avec le charbon; puis ensuite on les écarte un peu, l'électricité étant suffisamment conduite par le charbon vaporisé. Enfin, du charbon supérieur, l'électricité rejoint, par une colonne métallique, le second fil de cuivre, qui la ramène à la pile.

« Cela posé, pendant le passage de l'électricité, les

1. Du grec *phôs*, *phôtos*, lumière.
2. *Traité élémentaire de physique*, p. 457.

extrémités des deux charbons deviennent incandescentes
et répandent une lumière du plus vif éclat, qui éclaire
ortfement le microscope. Pour cela, on place dans l'inté-

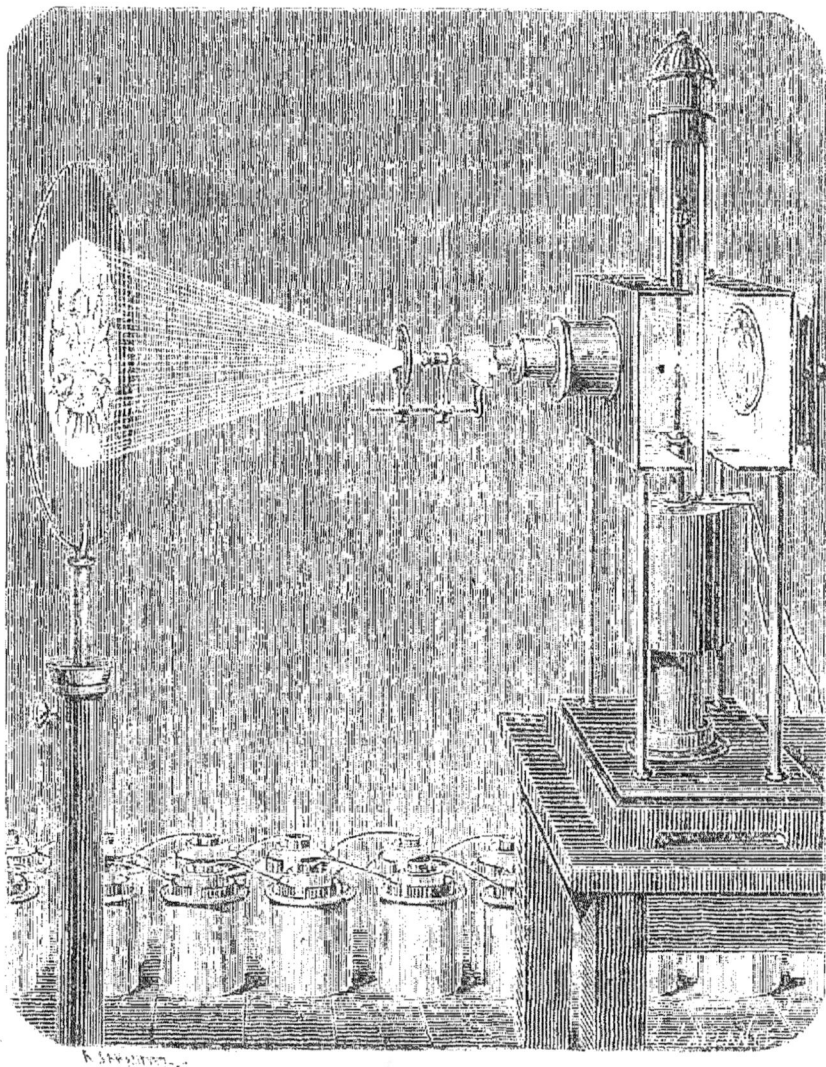

Fig. 59. — Microscope photo-électrique.

rieur du tube une lentille convergente, dont le foyer
principal correspond à l'intervalle même des deux charbons. De la sorte, les rayons lumineux qui entrent dans
les tubes sont parallèles à leur axe, et tout se passant

.alors comme dans le microscope solaire ordinaire, il se forme sur un écran, plus ou moins éloigné, une image très-amplifiée de petits objets placés entre deux lames de verre au bout du tube. (L'objet figuré sur l'écran est l'*acarus* de la gale.) »

LUNETTE ASTRONOMIQUE

D'après ce que nous avons précédemment dit (page 236), tant sur les verres d'optique trouvés dans les ruines de Ninive, que sur la lunette dont, suivant la chronologie chinoise, l'empereur Chan (il vivait 2283 avant J.-C.) se

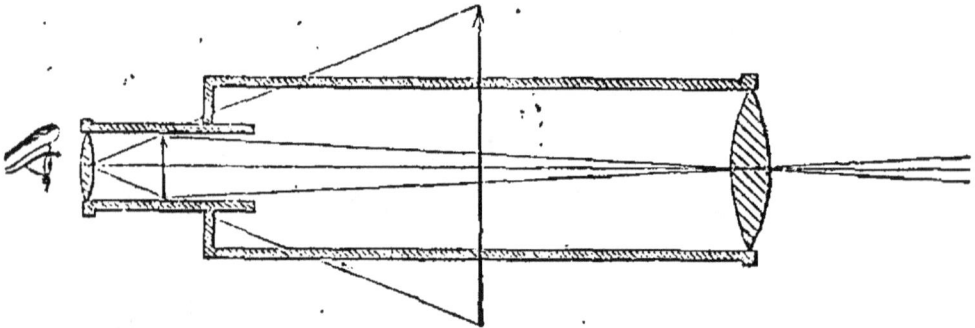

Fig. 60. — Intérieur d'une lunette astronomique.

servait pour observer les astres, ne faut-il pas conclure que l'origine de la lunette astronomique remonte à une époque indéterminée ?

Loin de nous, certes, la pensée d'établir la moindre comparaison entre la lunette de Sa Majesté Chan et celles qui sortent aujourd'hui des ateliers des Lerebours et Secretan ; mais ici, comme toutes les fois que nous en trouvons l'occasion, nous nous faisons un devoir de rendre aux anciens la part qui leur revient, n'oubliant jamais ces paroles de l'Ecclésiaste : « Rien n'est nouveau sous le soleil, et nul ne peut dire : Voilà une chose nou-

velle ; car elle a été déjà dans les siècles qui se sont
passés avant nous. »

Maintenant nous arrivons à la lunette dont les savants se servent aujourd'hui, et dont le célèbre astronome allemand, Kepler[1], doit être considéré comme le
créateur.

La lunette astronomique, destinée spécialement, ainsi

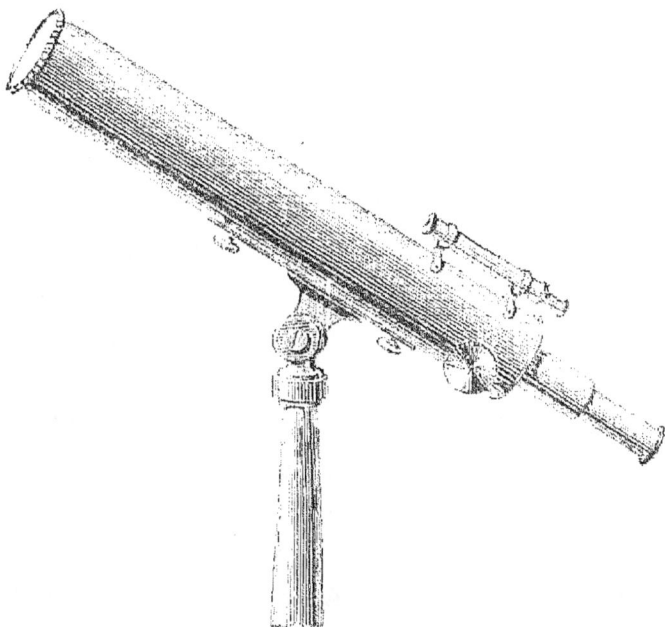

Fig. 61. — Lunette astronomique.

que son nom l'indique, à l'observation des astres, présente la plus grande analogie avec le microscope; ainsi
que lui, elle ne se compose que d'un objectif et d'un oculaire convergents.

De cette similitude d'armature intérieure, il ressort
que la lunette astronomique présente naturellement le
même inconvénient que le microscope, inconvénient qui
consiste à donner une image renversée.

1. Jean Kepler, né à Weil (Wittemberg), en 1571, mourut à Ratis-
bonne en 1631.

Ce renversement qui, certes, serait un immense défaut s'il s'agissait de choses terrestres, telles que maisons, arbres, personnages, n'apporte aucun trouble dans les travaux astronomiques qui n'observent que des astres à forme circulaire.

Voulant sans doute donner raison une fois de plus à La Fontaine quand il dit :

On a souvent besoin d'un plus petit que soi,

notre lunette, par elle-même si grande et-dont le grossissement est de mille à douze cents fois, ne peut, malgré cela, être complète qu'au moyen de l'adjonction de trois accessoires qui, tout petits qu'ils sont, relativement à sa grandeur, jouent, comme on va le voir, un très-grand rôle dans son application, qu'ils complètent.

Le premier est désigné sous le nom de *réticule*. Il se compose d'une petite plaque métallique ayant la forme d'une roue évidée à son centre, et portant, placés en croix, deux fils très-fins de métal ou de soie.

Le réticule, qui se place à l'endroit même où se produit l'image renversée donnée par l'objectif, et le point de croisement des fils, doit se trouver sur l'axe optique même de la lunette, qui devient ainsi la *ligne de visée*.

Cet instrument est employé lorsque l'astronome veut mesurer avec précision la distance des astres, leur distance zénithale, leur ascension, ou leur passage au méridien.

Le second, encore plus simple, et qui n'est d'usage que lorsqu'on examine le soleil, se compose d'un verre noir qui, placé dans un anneau qu'on adapte à l'oculaire, éteint assez les rayons pour que leur trop vive lumière ne blesse pas la vue de l'observateur.

Le troisième est cette petite lunette placée sur la grande, et dont on ne comprend pas d'abord la raison d'être. Cette petite lunette, désignée sous le nom de *chercheur*, rend à l'astronome le même service que le chien rend au chasseur, car elle et le chien *cherchent et indiquent*.

Le champ livré à l'œil de l'observateur dans la lunette astronomique étant d'autant plus restreint que le grossissement est plus grand, il en résulte naturellement une certaine difficulté à trouver dans l'immensité du ciel l'astre qu'on cherche. Pour abréger les tâtonnements, on a inventé le *chercheur* qui, ayant un grossissement beaucoup plus petit que la lunette, permet de parcourir un champ beaucoup plus étendu.

Le point étant trouvé au moyen du *chercheur*, il ne s'agit plus que d'amener l'astre dans la direction de l'axe du *chercheur*, pour qu'il soit en même temps dans le champ de la lunette; et cela est d'autant plus facile que les axes optiques des deux lunettes sont parallèles.

TÉLESCOPE

Quoique le télescope [1], dont l'invention est postérieure à celle des lunettes, soit, comme celles-ci, spécialement consacré à l'étude des astres, il existe cependant entre eux une telle différence de construction intérieure, qu'on peut en faire, pour ainsi dire, deux instruments différents. En effet, si dans les lunettes astronomiques, les objets sont amplifiés par la seule réfraction à travers les lentilles, dans le télescope le même effet s'obtient par le moyen de miroirs métalliques courbes; invention qu'il faut, dit-on, attribuer au révérend père Zeucchi.

On distingue trois espèces de télescopes :

Le télescope de Gregory (fig. 62) [2];

Celui de Isaac Newton [3];

1. Du grec *télé*, loin, *skopeo*, je regarde.
2. Né à New-Aberdeen (en Écosse), en 1636, mort en 1675.
3. Né à la terre de Woolstrop (comté de Lincoln) en 1642, mort en 1727.

Et enfin celui de William Herschel (fig. 63)[1].

Le télescope de Gregory, inventé vers 1650, se compose d'un long tube de cuivre dont l'une des extrémités est fermée par un grand miroir métallique, poli et concave,

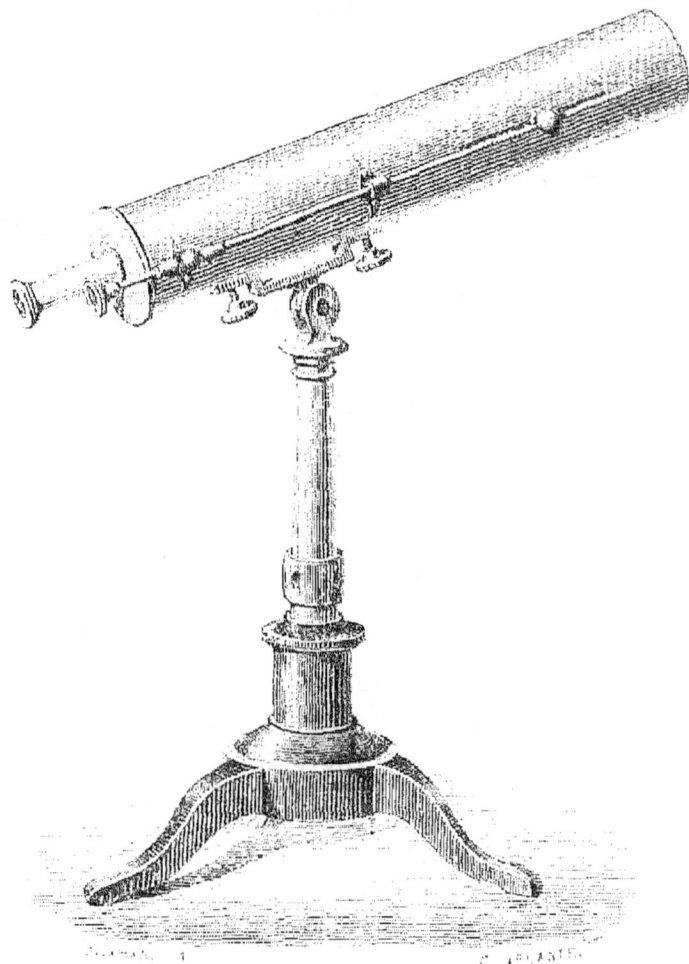

Fig. 62. — Télescope de Gregory.

qui est muni à son centre d'une ouverture circulaire laissant passage aux rayons arrivant à l'oculaire. A l'autre extrémité est un second miroir concave, de même métal.

Au télescope Gregory succéda celui de Newton (1672),

1. Né en Hanovre en 1738, mort en 1822.

qui diffère du premier en ce que le grand miroir n'est pas percé, et que le petit sur lequel il renvoie la lumière est incliné latéralement vers un oculaire placé sur le côté du tube du télescope. Abandonné pendant assez longtemps, à cause de la difficulté du travail des grandes surfaces métalliques, ce télescope ne reprit faveur que lorsqu'un habile physicien français, M. Foucault, eut trouvé non-seulement le moyen d'argenter les miroirs de verre sans leur faire perdre leur degré de poli, mais encore de sub-stituer un prisme rectangle à réflexion totale au petit miroir plan.

Les quelques lignes que M. Louis Figuier a consa-crées au télescope d'Herschel (fig. 63)[1] nous ont paru si intéressantes, que nous n'hésitons pas, par intérêt pour le lecteur, à les reproduire ici :

« L'astronome William Herschel, qui vivait à la fin du dernier siècle, a beaucoup contribué, par les gigantes-ques dimensions des télescopes qu'il construisit, à ré-pandre la connaissance de cet instrument dans le vul-gaire, dont il frappait l'imagination.

« Herschel n'était ni destiné, ni préparé par sa posi-tion à embrasser la carrière des travaux astronomiques : c'était un simple musicien. Un télescope lui tomba par hasard entre les mains. Ravi des merveilles que les cieux offraient à sa vue, grâce à cet instrument d'optique, il s'éprit d'un grand enthousiasme pour l'observation cé-leste. Le télescope dont il se servait n'avait qu'une faible puissance de grossissement; il essaya de se procurer alors un télescope de plus grandes dimensions. Mais le prix du nouvel instrument était trop élevé pour la bourse d'un simple amateur. Cependant Herschel ne perd point courage; l'instrument qu'il ne peut acheter, il le con-

---

1. *Les Grandes inventions anciennes et modernes*, p. 146. Librai-rie Hachette.

strait lui-même. Le voilà donc devenu mathématicien,
ouvrier opticien. En 1781, il avait façonné plus de quatre
cents miroirs réflecteurs pour les télescopes.

« Les puissants télescopes d'Herschel consistaient en

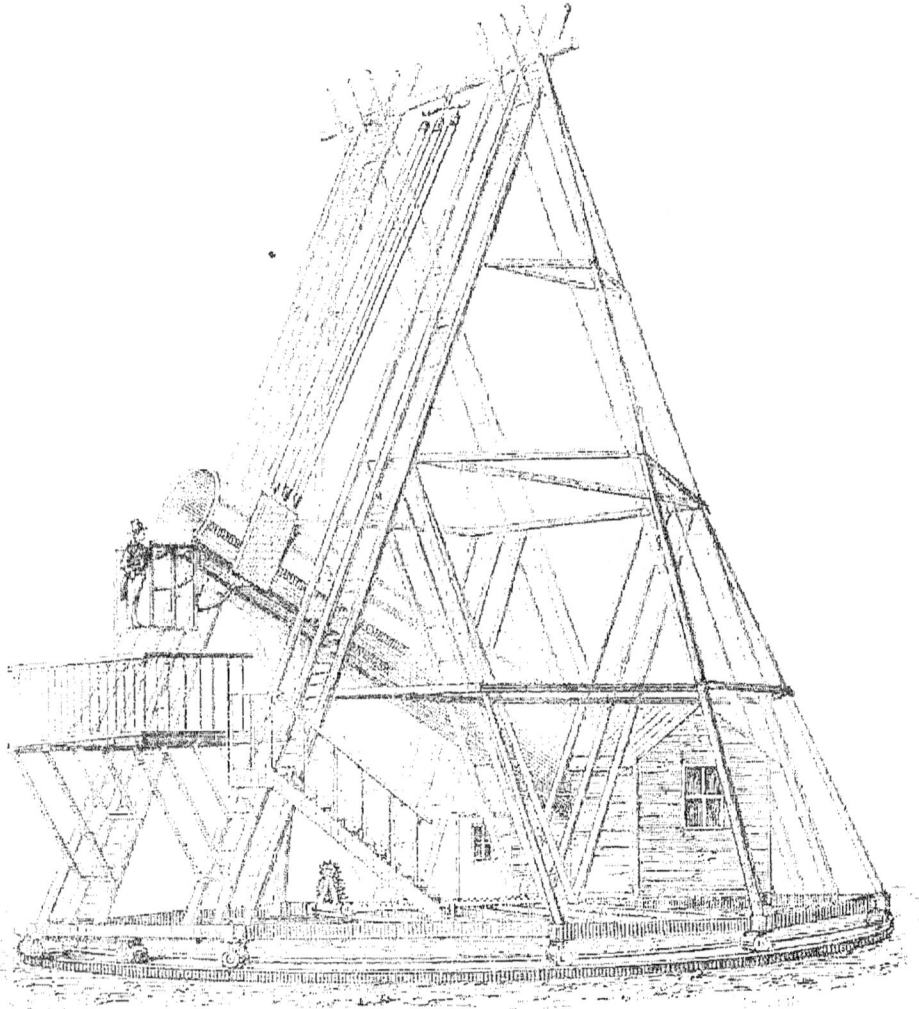

Fig. 63. — Télescope d'Herschel.

un miroir métallique placé au fond d'un large tube de
cuivre ou de bois légèrement incliné, de manière à pro-
jeter l'image très-amplifiée et très-lumineuse d'un astre
au bord de l'orifice du tube, où il l'examinait à l'aide

d'une loupe, c'est-à-dire en supprimant le second miroir employé par Gregory, qui amène nécessairement une perte par cette seconde réflexion sur le petit miroir.

« Le plus grand télescope dont Herschel se soit servi était formé d'un miroir de 1^m,47 de diamètre. Le tuyau avait 12 mètres, et l'observateur se plaçait à son extrémité, une forte lentille à la main, pour regarder l'image. Le grossissement pouvait élever jusqu'à six mille fois le diamètre du corps observé. Afin de donner au télescope l'inclination convenable pour chaque observation, Herschel avait fait établir l'immense appareil de mâts, de cordages et de poulies que représente notre figure 63. Toute la construction reposait sur des roulettes, et on la faisait mouvoir tout d'une pièce pour l'orienter à l'aide d'un treuil. L'observateur se plaçait sur une plate-forme suspendue à l'orifice du tube, à peu près comme les fauteuils accrochés à ces balançoires qui ont la forme de vastes roues, et qu'on voit aux Champs-Élysées à Paris. Du reste, Herschel ne se servit que rarement de cet immense télescope : il n'y avait que cent heures dans l'année pendant lesquelles, sous le ciel brumeux de l'Angleterre, l'air fut assez limpide pour employer cet instrument avec succès.

« De nos jours, lord Ross, en Angleterre, a construit un télescope (fig. 64) encore plus puissant et plus énorme que celui d'Herschel. Le miroir du télescope de lord Ross pèse 3,809 kilogrammes, le tube 6,604 kilogrammes.

« Nous dirons toutefois que, depuis les premières années de notre siècle, on a abandonné, en France, l'usage du télescope comme moyen d'observation céleste. On ne se sert communément, pour observer les astres, que des instruments à réfraction, c'est-à-dire des lunettes d'approche. »

Fig. 64. — Télescope de lord Ross.

LUNETTE TERRESTRE — LONGUE-VUE

La lunette d'approche ou longue-vue ne diffère de la lunette astronomique que par l'adjonction de deux verres convergents qui, placés entre l'objectif et l'oculaire, redressent les objets et les font apparaître à nos yeux tels qu'ils sont dans la nature.

Cette adjonction étant la seule différence qui existe entre les deux lunettes, nous allons, afin d'éviter des redites inutiles, arriver de suite à l'historique de la lunette terrestre ou longue-vue.

A qui faut-il attribuer la découverte de cet instrument? Le cas est embarrassant; car plusieurs prétendants viennent en réclamer la gloire. Le premier en date est Roger Bacon, ce moine anglais qui, surnommé *le Moine admirable*, mourut vers 1294; c'est ensuite le Hollandais Jacques Metius, mort en 1575; et enfin le Napolitain J.-B. Porta, mort en 1615.

Nous citions tout à l'heure la Fontaine; nous pouvons encore ici lui emprunter des vers de la fable *les Voleurs et l'Ane :*

> Pour un âne enlevé deux voleurs se battaient :
> L'un voulait le garder, l'autre voulait le vendre,
> Tandis que coups de poing trottaient,
> Et que nos champions songeaient à se défendre,
> Arrive un troisième larron
> Qui saisit maître Aliboron.

Que le lecteur veuille bien remplacer le mot odieux de voleur par savant, celui d'âne par sublime invention, et, comme le bon la Fontaine, nous mettrons en scène non un troisième, mais bien un quatrième compétiteur qui, arrivant armé de l'autorité d'une vieille légende hollandaise, va nous montrer une fois de plus que, dans les plus grandes découvertes, la réflexion de l'homme a souvent bien moins de part que le hasard.

Suivant cette légende, Jean Lippershey, habile opticien de Middelbourg, avait reçu d'un étranger la commande de deux verres, l'un concave, l'autre convexe.

Le jour de les livrer était arrivé, et Lippershey, tout entier à son art, examinait avec amour le travail sorti de ses mains; en cela, il avait, certes, bien raison, car jamais peut-être il n'avait façonné de verres d'une matière plus limpide et d'une taille plus irréprochable. Pour lui c'était un chef-d'œuvre, Aussi, dans son enthousiasme se complaisait-il à les regarder sous toutes leurs faces, à les rapprocher ou à les éloigner l'un de l'autre. Tout à coup il s'arrête.... Par quel prodige le clocher de sa paroisse qu'habituellement il distinguait à peine, se trouve-t-il tout à coup près de lui? Comment se fait-il que ses deux enfants jouant là-bas, semblent être à ses côtés? Ses verres sont-ils enchantés? Certes, à cette époque, beaucoup l'eussent cru; mais maître Lippershey était homme trop positif pour admettre que jamais le diable se fût glissé entre deux verres; aussi se mit-il à chercher; et bientôt ce que tant de gens eussent pris pour une chose surnaturelle devint pour lui la conséquence toute naturelle de la position relative que par *hasard* il avait donnée à ses deux verres.

Aussitôt un tube est fabriqué, les verres sont placés dedans, et la lunette d'approche est inventée. Désirant, en bon Hollandais qui comprend le commerce, s'assurer la propriété exclusive de sa découverte, Lippershey adressa en 1606, aux états-généraux de Hollande, la demande d'un privilége exclusif de trente années, qui lui fut accordé, à la condition cependant qu'il adatperait à sa lunette un second tube qui permettrait de voir des deux yeux.

Cette dernière observation fut-elle observée, nous l'ignorons; mais, en tout cas, nous trouvons dans cette réserve des États l'indication et peut-être même l'origine de nos jumelles de spectacle.

Trois ans s'étaient à peine écoulés depuis leur invention, que les lunettes de Lippershey prenaient droit de cité dans Paris. La preuve s'en trouve dans le journal de l'Estoile (t. III, p. 251) : « Le jeudi 30 avril 1609, ayant passé sur le pont Marchand[1], je me suis arrêté chez un lunettier qui montroit à plusieurs personnes des lunettes d'une nouvelle invention et usage. Ces lunettes sont composées d'un tuyau long d'environ un pied. A chaque bout il y a un verre, mais différent l'un de l'autre ; elles servent pour voir distinctement les objets éloignez qu'on ne voit que très-confusément : on approche cette lunette d'un œil, et on ferme l'autre ; et regardant l'objet qu'on veut connoître, il paroît s'approcher, et on le voit distinctement, en sorte qu'on reconnoît une personne d'une demilieue. On m'a dit qu'on en devoit l'invention à un lunetier de Middelbourg en Zélande, et que, l'année dernière, il en avoit fait présent de deux au prince Maurice, avec lesquelles on voyait clairement les objets éloignez de trois ou quatre lieues. Ce prince les envoya au conseil des Provinces-Unies qui, en récompense, donna trois cents écus à l'inventeur, à condition qu'il n'apprendroit à personne la manière d'en faire de semblables. »

LUNETTE DE GALILÉE OU LORGNETTE DE SPECTACLE — JUMELLES

Cette lunette qui longtemps désignée sous le nom de lunette de Galilée[1], soit parce qu'on la crut de l'invention de cet homme de génie, soit peut-être parce que ce fut par son aide qu'il découvrit les montages dans la lune, les satellites de Jupiter et les taches du soleil. Elle offre, par son extrême simplicité, une très-grande ressemblance.

1. Ce pont, qui n'était séparé du pont au Change que par un espace de 10 mètres, fut consumé par un incendie le 24 octobre 1621.

1. Galileo Galilei, né à Pise en 1564, mort en 1642. C'est à tort qu'on attribue à Galilée l'invention de cette lunette ; le véritable auteur est Metzu (1609). Galilée ne fit que la perfectionner.

avec la lunette astronomique; comme celle-ci elle ne se compose, que de deux lentilles. La différence existant entre elles, différence énorme, du reste, est que si la lunette astronomique donne, ainsi que nous l'avons dit (page 264), l'image renversée, la lunette de Galilée la produit redressée; cela résulte de ce qu'elle est composée d'un oculaire divergent formé d'une lentille biconvexe de flint entre deux lentilles biconcaves formant ainsi un système achromatique, et d'un objectif convergent formé d'une lentille biconcave de flint placée entre deux lentilles biconvexes de crown, donnant de même un système achromatique.

Fig. 65. — Lunette de spectacle.

Quant aux lunettes de spectacle désignées sous le nom de jumelles, nous n'avons qu'un mot à en dire: c'est que

Fig. 66. — Jumelles.

ces lunettes, d'un emploi si général aujourd'hui, ne sont que deux lunettes de Galilée reliées ensemble, et montant et descendant à volonté au moyen d'un pas de vis placé dans le centre du tube creux qui les sépare et qui est adhérent à la traverse inférieure.

XXVII

YEUX ARTIFICIELS

En commençant ce rapide historique de la verrerie, nous avons appelé l'attention du lecteur sur les nombreux services que le verre rend non-seulement à la vie domestique et aux sciences dont il est le puissant auxiliaire, mais encore à l'humanité, qu'il soulage d'une des plus graves infirmités en rendant pour ainsi dire l'existence à l'organe de la vue, en remédiant à sa défaillance.

Dans un cas non moins cruel, celui de la perte d'un œil, il devient encore sinon un remède, du moins un palliatif; il dissimule aux regards des autres ce qu'une pareille infirmité peut avoir de désagréable.

Si l'on en croit l'histoire, les yeux factices, déjà connus et en usage sous Ptolémée Philadelphe, roi d'Égypte qui, comme on sait, monta sur le trône 285 ans avant J.-C., se divisaient en deux classes:

Les *esblephari*[1] et les *hypoblephari*[2].

Les premiers se composaient d'un cercle en fer qui,

---

1. Du grec *es*, sur, *blepharon*, paupière.
2. Du grec *upo*, sous, *blepharon*, paupière.

faisant le tour de la tête, avait à l'une de ses extrémités une plaque mince en métal, recouverte d'une peau très-fine sur laquelle on peignait un œil avec ses paupières et ses cils.

Les esblephari n'étaient donc pas autre chose qu'une espèce de petit bandeau peint qui cachait la cavité de l'œil perdu.

A ce premier essai, encore bien rudimentaire, succédèrent les hypoblephari qui, marquant un pas immense vers le progrès, offraient déjà une assez grande analogie avec le mode employé de nos jours.

Les hypoblephari, comme leur nom l'indique, se plaçaient non plus sur l'extérieur de l'œil, mais bien dans la cavité orbitaire; ils étaient formés d'une coque métallique assez semblable à une coque de noix, sur laquelle on peignait, à l'aide sans doute de quelque mordant, l'iris, la pupille et le blanc du globe de l'œil.

Une révolution complète s'était donc déjà opérée; car, maintenus par les paupières (ainsi que cela se pratique aujourd'hui) et sans soutien extérieur indiquant leur présence, les hypoblephari n'avaient plus contre eux que la lourdeur de la plaque et la fixité constante du regard.

Combien de siècles leur emploi dura-t-il? On l'ignore; car, malgré toutes les recherches par lesquelles il espérait relier le présent au passé, en citant les yeux en verre qui eux aussi, eurent leur moment de gloire, M. Hasard-Mirault, dans son excellent ouvrage sur la matière, passe presque sans transition de l'antiquité à l'année 1818, où il publia ses recherches et ses travaux.

Il est présumable que l'industrie antique des yeux artificiels était exercée par les *Ocularii*, qui faisaient en même temps des yeux en argent et en pierres fines pour les statues. L'histoire nous a conservé les noms de deux de ces artistes. L. Licinius Patroclus, *faber oculariarius* et L. Licinius Patroclus, affranchi du premier,

YEUX DE VERRE.

« La fabrication des yeux de verre, selon M. Bax[1], se compose de trois opérations : fondre les lentilles de verre, — les user et les polir, — les peindre.

« Dans une boîte de tôle plate sans soudure, et n'é- tant ouverte que d'un côté, entre un plateau mobile de même métal, sur lequel on pose, distancés, plusieurs morceaux de verre qui, formant les lentilles, sont taillés de l'épaisseur et de la grandeur des yeux naturels. Ce travail terminé, et afin d'éviter toute adhérence du verre sur le plateau par suite de la chaleur, on couvre le pla- teau soit d'une couche de blanc de céruse desséchée, soit de sable fin. Le feu étant placé dans la boîte qui, comme on le voit, fait office de four, la fusion de chaque lentille commence par sa circonférence qui s'affaisse en s'arron- dissant ; et tandis que la face supérieure se bombe, l'in- férieure se moule sur le plan où elle repose. A cette opération succède celle du polissage qui, pratiquée sur la surface plate, s'obtient par le frottement sur un grès uni et humecté jusqu'à ce que les lentilles, réduites à un segment de sphère, figurent la chambre intérieure de l'œil coupée perpendiculairement à l'iris. Afin d'éviter un polissage partiel qui entrainerait une très-grande perte de temps, on réunit les lentilles dans un cercle, en les solidifiant au moyen d'un mélange de poix et de plâtre. Le polissage terminé, il ne s'agit plus alors, pour enlever l'opacité du verre, que de le frotter d'abord sur une planche saupoudrée de pierre ponce porphyrisée ou de potée d'étain, puis enfin sur un morceau de cha- peau. »

A ce travail matériel succède ce que nous pourrions

---

1. Voir le *Manuel du fabricant de verre*, par M. Julia de Fonte- nille. Roret, 1829, p. 244.

presque appeler l'œuvre de l'artiste, car il ne s'agit de
rien moins que de donner, pour ainsi dire, la vie à cet
œil inerte, au moyen de la couleur. Voici, sur cet important travail, ce qu'ajoute l'auteur déjà cité : « Je prends
avec une brucelle (très-petite pince) la lentille que je
veux peindre ; je présente la face convexe à une glace
placée devant moi, par conséquent la face plate est tournée de mon côté. Je dépose au centre de cette face une
goutte de peinture noir que j'étends jusqu'à ce que je
sois parvenu aux dimensions de la prunelle que je veux
exprimer ; la glace m'indique quand je suis arrivé à ce
point. La pupille étant sèche, je colore l'iris. Les couleurs employées devront toujours être broyées à l'huile
de lin récente, comme étant plus siccative. »

Tel était le procédé qu'on donnait comme conforme au
progrès dans un ouvrage publié en 1829, et cependant un
savant dont nous venons de parler, M. Hazard-Mirault,
qu'on peut regarder, sinon comme le créateur, tout au
moins comme le propagateur des méthodes nouvelles,
était parvenu, dans un ouvrage publié dès 1818 [1], à tra-
cer des règles de fabrication tellement justes et infailli-
bles, qu'à part quelques modifications de détails, la fabrication des yeux artificiels n'a pas fait un pas en avant
depuis un demi-siècle.

Au surplus, ce *statu quo* se comprendra facilement
quand on saura que dans cette industrie tout est mystère ; chaque fabricant prétend avoir un secret de fabrication qu'il cache non-seulement à ses confrères, mais
à tout le monde.

Malgré le silence gardé avec tant de soin, malgré les
refus que nous avons essuyés, le voile est déchiré, grâce
à la complaisance d'un jeune fabricant d'autant plus con-
fiant que, par leur perfection, ses travaux ne redoutent

---

1. *Traité pratique de l'œil artificiel.* Paris, Duponcet, 1818, in-8°.

aucune concurrence. Guidé par M. Émile Pilon [1], nous pouvons aujourd'hui initier le lecteur à ces secrets si impénétrables jusqu'à ce jour; car non-seulement il a bien voulu nous montrer pièce par pièce son écrin, admis à l'exposition universelle (1867), et nous expliquer le mode de fabrication, mais encore faire devant nous plusieurs yeux artificiels.

L'œil artificiel n'est qu'une légère coque d'émail sans forme précise, puisqu'il doit s'approprier aux diverses grandeurs des yeux; il se place sous la paupière, et se compose de deux parties : l'une extérieure, qui offre les couleurs de l'iris, de la sclérotique, ainsi que les vaisseaux sanguins de l'œil sain; l'autre intérieure, qui, emboîtant et coiffant le moignon, en reçoit le mouvement.

Les yeux artificiels, qui doivent avoir des formes si diverses, et toujours si exactes se font sans le secours d'aucun genre de moule, et seulement par le souffle et la main de l'artiste. Représentons-nous celui-ci assis à sa table; devant lui est une lampe dont la flamme, excitée par un soufflet mû par le pied, donne un jet en pointe de la force qu'il désire, et à la portée de sa main sont placées des baguettes d'émaux de diverses couleurs. Il commence par prendre un tube creux de cristal incolore, dont une des extrémités, bientôt mise en fusion par le feu de la lampe, forme par le soufflage une boule. Comme la couleur donnée par le cristal n'a aucune ressemblance avec celle de la sclérotique, vulgairement désignée sous le nom de blanc de l'œil, son premier travail consiste à colorer la

---

1. Comme nous nous sommes fait un devoir de citer les noms des auteurs auxquels nous avons emprunté quelques lignes, nous croyons de même n'être que juste en mentionnant ceux des industriels qui ont bien voulu nous aider de leurs conseils. Si le nom seul de M. Pilon trouve place ici, quoiqu'il ne soit pas le seul fabricant d'yeux artificiels, notre silence à l'égard des autres n'est que la conséquence naturelle de celui qu'ils ont voulu garder vis-à-vis de nous.

boule de telle sorte qu'elle offre la même nuance que celle de l'œil naturel.

Pour arriver à ce résultat, il applique sur cette boule plusieurs émaux de diverses couleurs qui, s'amalgamant avec le cristal en pâte, arrivent graduellement à lui donner la teinte naturelle de l'œil qui, comme on sait, est différente chez chaque individu.

Cette teinte obtenue, il pratique au centre de la boule une ouverture circulaire, destiné à recevoir le globe de l'œil.

Le trou fait, la boule est mise de côté.

Maintenant voici la marche suivie pour la confection du globe de l'œil : l'artiste commence par former l'iris, qui se fait à l'aide de plusieurs émaux amalgamés. L'iris fait, il place à son centre un fort point d'émail noir ; c'est la pupille qu'il cercle de son auréole ; et il termine en traçant ces fibres infiniment petites qui se trouvent sur l'iris.

Le globe de l'œil étant fait, il s'agit maintenant de le placer au centre de la boule. Rien de plus simple ; le trou pratiqué dans la boule, qui devient la sclérotique ou partie blanche de l'œil, ayant été calculé sur la grosseur du globe de l'œil, il l'y introduit et l'y soude au moyen de la lampe.

Cela fait, et le *tour de main* de l'artiste étant venu rectifier les petites imperfections d'un premier travail d'ensemble, il ne reste plus qu'à rogner cette boule afin d'obtenir une coque qui, adoucie sur ses bords, ressemble identiquement à l'œil vivant près duquel il va être placé, non-seulement pour la forme, mais encore pour la couleur.

Après avoir décrit le mode de fabrication des yeux artificiels, faut-il conclure qu'il n'y a pas certain mystère particulier à chaque fabricant ? Non, les fabricants d'yeux doivent avoir, eux aussi, leur petit secret, qui consiste dans la composition de leurs émaux.

Chacun d'eux, persuadé qu'il possède seul la meilleure formule produisant les émaux les plus limpides, ou dont la couleur se rapproche le plus de la nature, tient naturellement ses procédés cachés; il y aurait indélicatesse à les dévoiler. Il y a là, en général, le fruit de recherches pénibles et toujours très-coûteuses : c'est à nos yeux une propriété particulière et par conséquent inviolable, que nous devons respecter.

Puisque nous ne pouvons parler ici que de M. Pilon, appelons encore l'attention du lecteur sur un vrai tour de force exécuté par cet artiste : *sans moule*, et par sa seule habileté de main, il produit, sur un modèle donné, un nombre infini d'yeux tellement identiques de forme, de dimension et de couleur, qu'il est impossible d'établir la moindre distinction entre l'original et les copies.

Ces études et ces travaux devaient avoir leur récompense. M. Émile Pilon a obtenu, à la suite de l'Exposition universelle de 1867, la récompense la plus élevée décernée à cet art industriel.

XXV

DES VITRAUX PEINTS

Nous avons fait connaître précédemment le mode de
fabrication des verres destinés à clore les ouvertures des
habitations ; il nous reste à parler du mode de décoration
appliqué aux vitres des églises ou des résidences princières.

Mais, pour éviter toute confusion, il importe d'abord
de distinguer les trois genres de cette décoration. Le,
premier et le plus ancien comprend les *verres colorés ;*
c'est une sorte d'imitation des mosaïques de pavage ou
de revêtement, lesquelles, composées de petits cubes de
marbre ou de matières dures adroitement assemblés,
formaient des ornements géométriques d'une remarquable élégance. Les verres colorés réunis d'après le même
système et choisis parmi les masses de verre teintées par
de brillants oxydes métalliques, produisaient en place
l'effet d'une mosaïque translucide et tamisaient, en les
coloriant, les rayons lumineux introduits dans les églises.
Ce genre de verrières remonte à peu près au cinquième

siècle; c'est évidemment à ces vitraux que fait allusion Aurelius Prudens en décrivant les merveilles de la basilique de saint Paul hors les murs, à Rome, lorsqu'il : « Dans les fenêtres cintrées se déploient des verres de diverses couleurs, ainsi brillent les prairies ornées des fleurs du printemps ». On trouve encore dans les anciens monuments quelques restes de verrières de ce genre ; telle la rose du transept de Notre-Dame de Paris (côté du midi).

Le second genre conduit par une nuance insensible à la perfection de l'art, et l'on rencontre même des morceaux où les deux derniers genres sont réunis; ici il s'agit en effet d'une sorte de mosaïque à composition ornementale ; mais le verre coloré dans la masse n'est pas seulement découpé pour se prêter aux inflexions du dessin conçu par l'artiste ; des traits noirs appliqués sur les pièces aident à en accentuer les détails et à leur donner le modelé nécessaire.

De là à la peinture qui constitue le troisième genre il n'y avait qu'un pas; mais ce pas fut assez lent à s'effectuer; et cela se conçoit, car pour combiner les mosaïques de verre, il suffisait d'un ouvrier intelligent; pour imiter en grandes proportions les ornements et les encadrements des manuscrits, il suffisait d'un talent secondaire, tandis que pour agencer et peindre de grandes compositions à figures, il fallait de véritables artistes.

Suivant M. Labarte [1] la gloire de cette invention pourrait être revendiquée par l'Allemagne et les plus anciens vitraux peints proviendraient des provinces du Rhin; il cite, à l'appui de cette opinion, la chronique de Richer, moine du monastère de Saint-Remy, où on lit qu'Adalbéron, Allemand de naissance, et tout à la fois archevêque de Reims et chanoine de l'église de Metz [2], ayant

---

1. *Histoire des arts industriels au moyen âge*, t. III, p. 343.
2. Cette ville appartenait alors à l'Empire.

fait restaurer, en 989, l'église de Reims « lui donna des cloches de bronze et l'éclaira par des fenêtres ou étaient représentées *diverses histoires.* »

Nous n'aurons pas de peine à rétablir la priorité en faveur de notre pays, et même en remontant d'un siècle ; l'historien du monastère de Saint-Benigne qui écrivait vers l'an 1052, assure qu'il existait de son temps, dans l'église de ce monastère, un *très-ancien* vitrail représentant le martyre de sainte Prascasie, et que cette peinture avait été retirée de la vieille église restaurée par Charles le Chauve. Or cette restauration ayant eu lieu entre 814 et 840, la verrière remontait au moins à cette époque. Voilà donc la ville de Dijon en possession du plus ancien monument de la peinture sur verre.

Après celui-ci et les fenêtres à histoires de Reims, se placent chronologiquement les vitraux peints de 1068 à 1091 par le moine Wernrher et offerts par le comte Arnold à l'abbaye de Tégernsée, en Bavière, où ils existent encore. L'abbé Gosbert remerciait le donateur en ces termes : « Jusqu'à présent les fenêtres de notre église n'étaient fermées qu'avec de vieilles toiles. Grâce à vous, pour la première fois, le soleil promène ses rayons dorés sur le pavé de notre basilique en pénétrant à travers des *peintures* qui s'étalent *sur des verres de diverses couleurs.* » D'après ces dernières réflexions, il doit être question ici de vitraux intermédiaires entre le deuxième et le troisième genre.

A partir du onzième siècle, la lumière se fait ; le moine Théophile, qui vivait vers le milieu de ce siècle, a pris soin de nous transmettre dans un livre précieux, les recettes de la coloration du verre et les méthodes employées soit de son temps, soit précédemment pour l'exécution d'un vitrail.

C'est donc à tort qu'on a répété, pour le verre comme pour certaines poteries, que les recettes anciennes avaient été perdues et qu'il avait fallu créer la science et l'art à nouveau. On a souvent expliqué ainsi les éclipses momentanées de certaines branches des connaissances humaines; cela est plus facile que de rechercher les causes morales de ces décadences.

Avant de passer outre et de décrire les procédés de la peinture sur verre, qu'on nous permette d'indiquer par ordre chronologique les principaux monuments mentionnés dans l'histoire et qu'on peut encore consulter pour se faire une idée exacte des transformations que le goût et la technique ont introduites dans l'art.

XIᵉ siècle. — REIMS. Vitraux donnés par Adalbéron.

XIIᵉ siècle. — SAINT-DENIS. Les sujets, renfermés dans de petits médaillons en mosaïque, sont les principaux faits des croisades exécutés dans le style de la tapisserie de Bayeux. On y voit Suger lui-même, *Sugerius abbas*, en habit religieux. On sait que c'est Suger qui a fait fabriquer ces vitraux.

BOURGES. Abside.

ROUEN. La cathédrale, Saint-Ouen, Saint-Patrice, Saint-Vincent, Saint-Godart.

XIIIᵉ siècle. — BOURGES. Saint-Étienne. CLERMONT. En 1262, saint Louis y vint pour le mariage de son fils Philippe; on ne peut guère douter que les vitraux des chapelles de l'abside ne soient le fruit de ses libéralités; dans la chapelle du chevet le semé de France de Castille se répète souvent. CHARTRES, une partie de la cathédrale. PARIS, la Sainte Chapelle. Saint-Germain-des-Prés, Notre-Dame.

XIVᵉ siècle. — PARIS. Saint-Séverin, les grandes figures de la nef. NOYON, la cathédrale. STRASBOURG, la cathédrale.

XVᵉ siècle. — CLERMONT. La cathédrale; les grandes

fenêtres de la nef, peintes par les soins de Jacques de Camborn, évêque en 1444.

RIOM. La Sainte Chapelle, aujourd'hui Palais de Justice.

XVIe siècle. — BROU. Notre-Dame; vitraux de 1511 et 1536. VIC-LE-COMTE, la Sainte Chapelle fondée par Jehan Stuart, duc d'Albanie, prince d'Écosse. BOURGES, la cathédrale; partie du chœur et chapelles latérales de la nef; Jean Lequier y a travaillé. Saint Bonnet, vitraux peints par Laurent, fauconnier, en 1544. AUCH, la cathédrale; vitraux exécutés par Arnaud Molès ou Desmoles en 1525. CHARTRES, une partie. BEAUVAIS, VINCENNES, la chapelle du Chateau. PARIS, Saint-Gervais, le chœur par Jean Cousin, en 1587; Saint-Étienne-du-Mont. METZ, 1526, cathédrale; vitraux de Valentin Bousch.

XVIIe siècle. — BOURGES. Cathédrale; la chapelle de Montigny, la première à gauche dans la nef. PARIS, Saint-Étienne-du-Mont; le pressoir mystique composé au seizième siècle par Robert Pinaigrier, et exécuté de 1610 à 1618, par Nicolas Pinaigrier son petit fils.

XVIIIe siècle. — PARIS. Saint-Sulpice; frises et camaïeux d'après Lebrun, derniers reflets de la peinture sur verre.

Nous croyons devoir compléter ce tableau par une liste chronologique des anciens peintres verriers dont l'histoire ou les monuments nous ont conservé les noms :

FRANCE. Fulco, onzième siècle, Saint-Aubin d'Angers.

Mellein (Henri), privilégié par Charles VII; a fait les vitraux de l'hôtel de Jacques Cœur, à Bourges.

Herron, 1430, Adam et Ève, vitrail de Saint-Paul.

Desaugives ou Percher, vitraux de Saint-Paul.

Courtoys (Robert), 1498, la Ferté-Bernard.

Van Orley (Bernard), vitraux de la maison des Célestins, François Ier, Henri II, Charles IX.

Le Pot (Nicolas), seizième siècle.

De Lalande (François), seizième siècle.

Cousin (Jean), chapelle du château d'Anet.

Courtoys (Jehan), 1534, la Ferté-Bernard.

Palissy (Bernard), château d'Écouen.

Bousch (Valentin). 1526, cathédrale de Metz.

Molès ou Desmoles (Arnaud), 1525, vitraux de la cathédrale d'Auch.

Bram (Jehan), de Lille, 1556.

De Colnois (David), de Lille, 1565.

De Quien (Maximilien), de Lille, 1591.

Lequier (Jean), cathédrale de Bourges.

Fauconnier (Laurence), 1544, Saint Bonnet, à Bourges.

Didier de Maignac, à Fontenay.

Pinaigrier (Robert),

Pinaigrier (Nicolas), 1610, Saint-Étienne du Mont.

De Paroy (Jacques), 1612, Saint-Méry.

Perrin, 1651, vitraux d'après Lesueur.

Rolland (Julien), de Nantes, 1651.

Le-Vieil (Guillaume), 1685, cathédrale d'Orléans.

Michu (Benoît) 1706, vitraux des Feuillants.

Sempy, vitraux des Feuillants.

Desosier, 1740, vitraux du bosquet du Dauphin.

Le Viel (Pierre), a fait un traité de son art.

ITALIE. — Cimabue ou Gualtieri, 1240 à 1300.

Marco, de Venise, vers 1335.

Nicolo, 1404, dôme de Milan.

D'Axandrii (Tommasino), 1400, dôme de Milan.

Laudis (Giannantonio), 1474, Saint-Jean et Saint-Paul.

Claude, 1512, vitraux du Vatican.

ALLEMAGNE. — Jean de Kircheim, 1348, cathédrale de Strasbourg.

Lallemand (Jacques), d'Ulm, vers 1450.

Durer (Albert ou Albrecht), église du Temple.

Hug (Jean Melchior) 1610.

Entrons maintenant dans l'atelier du peintre verrier moderne, étudions son outillage et suivons-le dans les phases diverses de son travail, car les procédés actuels sont si voisins de ceux des anciens que l'on arrive à connaître les uns en s'initiant aux autres.

Les verres, à l'emploi, sont de trois sortes : 1º le verre incolore qui, destiné à n'être pas couvert de travaux, doit être atténué par un oxyde métallique pour perdre sa limpidité trop vive et trop choquante dans l'ensemble du vitrail. 2º Le verre incolore sur lequel on peint un émail. 3º Le verre teint dans la masse : tels sont les verres rouges, bleus, bruns, pourpres, oranges et verts. Plus la quantité d'oxyde métallique est considérable, plus la nuance est foncée. Le rouge étant par sa nature trop intense, on le fait double, c'est à dire qu'on superpose deux feuilles, l'une colorée, l'autre incolore. Le même procédé peut être appliqué à toutes les autres teintes.

La matière à peindre sur verre, connue sous le nom d'*émail*, est un produit complexe composé de deux éléments différents : l'un, l'*oxyde métallique*, donne la coloration ; l'autre, le *fondant*, cristal incolore, fixe la peinture sur l'excipient en s'y incorporant. Pour la mettre en état d'être employée, cette matière est pulvérisée au moyen du *moulin à émail*; une fois réduite en poudre impalpable, on en fait une pâte, en la délayant soit avec de l'eau gommée, soit avec de l'essence grasse de térébenthine ou de l'essence de lavande et elle peut alors se manier au pinceau.

Que le peintre ait reçu d'un maître le dessin d'une verrière ou qu'il l'ait composé lui-même, il commence par le mettre à l'échelle d'exécution en le divisant par panneaux réguliers afin d'obtenir géométriquement l'ensemble très-agrandi du tableau; c'est ce qu'on nomme faire le *carton*. Sur ce patron bien arrêté, le peintre place une succession de morceaux de verre appropriés aux détails et qu'il coupe au diamant en suivant les contours du dessin. Ces différents morceaux sont collés sur une glace et c'est alors seulement que le peintre commence à poser les émaux qui détaillent et animent la composition.

Pour aider à la douceur de l'effet et atténuer la rudesse des procédés, l'artiste pose les émaux colorants et la plupart des ombres sur la face externe du vitrail; la partie interne ne porte que le contour du dessin et quelques traits de rehaut destinés à augmenter la vigueur de l'effet général.

Le travail de peinture terminé, les morceaux de verre sont mis dans un four spécial en terre réfractaire appelé moufle et soumis à la cuisson qui doit rendre leurs couleurs inaltérables. Les émaux, grâce au fondant, ayant une fusibilité bien plus grande que celle du verre, se parfondent et s'incorporent au subjectile sans que celui-ci éprouve aucune déformation ni modification dans ses éléments chimiques.

Après la cuisson, il ne reste plus que le montage à effectuer; on rapproche les pièces en les encadrant d'un réseau de plomb qui les réunit et que l'on consolide par soudure. Toutefois, ce simple réseau n'aurait pas la solidité nécessaire pour supporter seul le poids énorme d'une verrière; on le soutient donc au moyen d'une armature en fer conçue avec intelligence et qui doit concourir à l'effet général de la peinture; ses méandres isolent les panneaux principaux en accentuant leurs contours, et adoucissent par leur vigueur le passage des masses colorées comme les draperies, aux détails légers des chairs ou des fonds d'architecture.

CAUSES DE LA DÉCADENCE DE L'ART.

Il est une vérité à laquelle l'art moderne ne saurait échapper, malgré le talent de ses adeptes : les verrières actuelles ne peuvent supporter la comparaison avec les anciennes. Lorsqu'on voit les splendides fragments qui existent encore aujourd'hui à Notre-Dame de Paris, à la Sainte-Chapelle, à Notre-Dame de Chartres, à Saint-Patrice de Rouen, etc., on comprend qu'il soit venu à l'esprit de quelques-uns de demander si les anciens procédés étaient perdus. Nous avons déjà répondu en citant les recettes décrites tout au long au livre II de l'ouvrage du moine Théophile[1].

Rappelons d'ailleurs un fait qui vaut à lui seul de longs commentaires. Lorsque M. Dumon, ministre des travaux publics (1844-1846), mit au concours la restauration et le complément des anciens vitraux de la Sainte-Chapelle, l'une des clauses de ce concours était que chacun des vingt-deux concurrents qui s'étaient présentés, devait *copier* un vitrail. « Parmi les vingt-deux concurrents, il y en eut au moins la moitié dont les copies des anciens médaillons *pouvaient être réellement confondus avec leurs modèles, ce qui prouvait bien que les moyens techniques d'exécution, les procédés ne faisaient pas défaut.* »

Mais dira-t-on, si les modernes peuvent faire de belles copies, pourquoi leurs compositions placées dans les églises laissent-elles tant à désirer?

La réponse sera simple, elle se résumera dans un seul mot : erreur. Les peintres verriers, négligeant les avis de l'expérience et les leçons du passé, ont cru arriver à la perfection en essayant de faire rivaliser le vitrail avec

---

1. *Diversarum artium schedula.* Traduction de M. le comte de l'Escalopier.

les tableaux peints. Dans cette lutte, ils ont été vaincus et ils ont compromis un genre de décor essentiellement utile.

Laissons à un savant distingué le soin d'expliquer l'erreur commise par les verriers, lorsque, cherchant à dissimuler ou supprimer les plombs, ils essayèrent de peindre sur le verre comme on peint sur toile. Voici ce que dit M. Chevreul dans un rapport lu à l'Académie des sciences (octobre 1863) :

« Il existe une différence extrême, quant à l'effet sur la vue, entre des verres colorés de petite dimension réunis par des bandes de plomb de 4 à 10 et même 12 millimètres, et les mêmes verres simplement juxtaposés sans encadrement opaque. Effectivement, la plupart des yeux, à une certaine distance ont peine à percevoir distinctement des sensations de couleurs diverses, lorsque les objets colorés de petite dimension sont juxtaposés sans être séparés par un trait ou une zone étroite distincte à la vue et délimitant parfaitement les surfaces colorées. Or, c'est la *vision confuse des bords des verres simplement juxtaposés* qui nuit excessivement à l'effet qu'ils produiraient s'ils étaient enchâssés dans du plomb[1].

« On s'est grandement trompé, à mon sens, quand on a cru perfectionner les vitraux peints des grandes églises,

1. « Tous les physiciens qui se sont occupés des phénomènes subjectifs de la vision connaissent la loi du contraste simultané des couleurs. D'après cette loi, lorsque l'œil voit simultanément deux espaces colorés contigus présentant respectivement des teintes différentes, il juge ces deux teintes modifiées de telle manière qu'à chacune d'elles s'ajoute, en certaine proportion, la complémentaire de l'autre. Ainsi, quand on observe deux morceaux d'étoffe juxtaposés, l'un d'un rouge pur et l'autre d'un jaune également pur, la couleur du premier semble tirer sur le violet et celle du second sur le vert; si les deux morceaux d'étoffe sont, l'un vert, l'autre orange, la couleur du premier semble se rapprocher davantage du bleu, et celle du second semble plus rougeâtre. » (Mémoire de M. Plateau, correspondant de l'Académie des sciences).

et surtout ceux de la nef, en augmentant l'étendue des pièces de verre, et en diminuant ainsi l'étendue du plomb servant d'encadrement, sous le prétexte de s'approcher davantage des effets de la peinture. A mon sens, *les arts divers doivent conserver leur caractère spécial.* Je n'admets donc pas que les vitraux anciens, d'une incontestable beauté de couleur, seraient perfectionnés, sous le prétexte qu'on en rendrait le dessin plus correct en agrandissant les pièces et en diminuant les plombs. Il est entendu que je ne parle que des vitraux des grandes églises, des vitraux de la nef et des rosaces surtout. Car je reconnais que pour des chapelles, des oratoires, des *vitraux suisses* [1] peuvent être d'un bel effet. Au reste, un des mérites de l'artiste verrier est d'avoir calculé les effets des vitraux d'après la distance à laquelle ils apparaissent au spectateur.

« Conformément à cette manière de voir, je ne pense pas que les vitraux actuels du chœur de Notre-Dame de Paris produisent autant d'effet que les anciens vitraux : de près, le dessin peut en paraître plus correct que celui des anciens; mais à la distance où on les voit du bas de l'église, ce mérite disparaît, et alors l'infériorité des effets de couleur se fait sentir. A la vérité, au-dessous de ces vitraux se trouvent des fenêtres éclairant surtout la partie de l'Église qu'on appelle les tribunes; elles ne sont point à *vitraux peints*, mais à *verres peints en tons légers* dits *grisailles*, avec encadrement de verres colorés formant un ensemble dont l'effet rappelle le *store* plutôt que les *vitraux peints*. Quelle est la conséquence du voi-

---

1. On désigne sous le nom de vitraux suisses-allemands certains petits vitraux à sujets, peints et exécutés avec les ressources et par les mêmes moyens que ceux des grands maîtres des quinzièmes et seizième siècles. Destinés par leur petite dimension à être placés à portée de l'œil, ils unissent un grand éclat de couleur à une exécution excessivement fine. Les musées du Louvre et de Cluny en possèdent de nombreux échantillons.

sinage de ces deux rangées de fenêtres? C'est que la lumière, à peine colorée, transmise par la rangée inférieure, qui arrive à l'œil en même temps que les lumières colorées des vitraux de la rangée supérieure, nuit excessivement à celles-ci par sa vivacité. Un exemple plus frappant encore de l'inconvénient dont je parle, est la contiguïté des verres incolores, doués de toute leur transparence, et des *vitraux peints* rappelant par le dessin, la grandeur des figures et la dégradation de la lumière, les effets des tableaux proprement dits. Cet exemple se voit aux Champs-Élysées, dans le palais de l'Industrie. La couverture, en verre incolore, touche à des peintures qui sont l'œuvre d'un artiste justement renommé, dont il ne m'appartient pas de faire la critique; mais, dans l'intérêt de l'art, je n'hésite pas à soumettre les remarques suivantes au public, relativement à la nécessité d'observer, dans les œuvres du ressort des beaux arts qui parlent à leurs yeux, *le principe de l'harmonie générale.* Ce principe, auquel il est indispensable de satisfaire pour que les œuvres répondent à l'attente de ceux qui en ont eu la pensée, est d'une grande difficulté à observer dans la pratique, à cause du grand nombre de personnes qui concourent presque toujours, d'une manière plus ou moins indépendante, à l'exécution d'une œuvre unique, comme l'est l'œuvre d'un palais, où interviennent l'architecture, la peinture, la peinture en bâtiment, le tapissier pour tentures et pour meubles et enfin l'ébéniste. Si cette difficulté n'existait pas, comment s'expliquerait-on que la même volonté eût placé, dans le palais de l'Industrie, une peinture sur verre qui ne doit apparaître aux yeux que par une lumière tout à fait affaiblie relativement à la lumière blanche transmise par les vitraux transparents de la couverture de l'édifice contigus à cette même peinture? Évidemment cette lumière blanche est réfléchie de toutes les surfaces de l'intérieur vers la surface intérieure des verres peints, en même temps que ceux-ci transmettent une lumière colorée qui, toujours plus faible que la lumière blanche, est encore affaiblie par les ombres destinées à donner du relief à la peinture; l'effet résultant de la contiguïté des verres incolores et des verres colorés est donc tout différent de l'effet qui serait produit dans le cas où les verres peints seraient placés dans une pièce limitée où la lumière ne pénétrerait que par ces mêmes verres et frapperait les yeux d'un spectateur placé assez près des verres pour apprécier tous les effets que l'artiste a voulu produire. »

De ce qui précède, ne doit-on pas logiquement conclure que c'est bien plutôt le goût que l'art lui-même qui est en pleine décadence. Qu'on rende aux vitraux le rôle important qu'ils occupaient dans les splendides églises des treizième, quatorzième, quinzième et seizième siècles, et alors on verra refleurir un art qui n'attend que l'occasion de prouver que, parmi ceux qui le cultivent aujourd'hui, il en est encore qui pourraient surpasser ou au moins égaler les anciens maîtres de l'art.

TABLE ALPHABÉTIQUE DES FIGURES

Bouteilles (Fabrication des) . . . . Fig 20
   — (Moule à) 21
   — de Venise 22
Buire. — Cristallerie de Clichy 23, 24
   — gravée. — Cristallerie de Clichy 34
Chambre claire 56
Creusets 11
Crown-glass. — Sa fabrication 13
Étirage du verre 38
Filigrane. — Spécimens de tubes 44
Four de verrier 10
   — à verres d'optique 45
Grain de collier égyptien 4
Hiéroglyphes du collier 5
Jais égyptien 42
Lanterne magique 57
Lunette astronomique (Intérieur d'une) 60
   — (Extérieure d'une) 61
   — de spectacle simple 65
   — — double (jumelles) 66
Micromètre 55
Microscope simple 52
   — composé 53
   — solaire 58
   — photo-électrique 59

Miroirs égyptiens. . . . . Fig. 14
  — de Marie de Médicis. 15
  — italien (bordure bois sculpté). 16
  — rond à boîte d'ivoire. 17, 18
  — de Henri II. 19
Prisme. 46
Rayons lumineux (Marche des). 54
Recomposition de la lumière. 49
Spectre solaire. 47
Télescope de Gregory. 62
  — d'Herschel. 63
  — de lord Ross. 64
Tubes à thermomètre. 39
  — Comment on les gradue. 40, 41
Vase de Strasbourg.   9
  — à pâte sablée d'or. 32
  — Portland. 35
  — vénitien filigrané. 43
Verre achromatisé. 48
  — craquelé. 36
  — filé. 37
  — filigrané. 43
  — d'optique. 50
  — — Bassin et balle pour leur fabrication. 51
Verres à boire. — Allemand — vidercome. . . . — 25
  — vénitiens. 26, 27, 28, 30
  — de la cristallerie de Clichy. 29
  — du temps de Henri II. 31
  — de Bohême. 33
  — en verre filé. 37
  — ou coupe en verre craquelé. 36
Verreries romaines. 6, 7, 8
  — gallo-romaine (vase de Strasbourg).   9
Verriers thébains. 1, 2, 3
Vitres (Fabrication des). 12, 13

TABLE ALPHABÉTIQUE DES MATIÈRES

A

ACIDE FLUORHYDRIQUE. — Comment on s'en sert pour graver.   153, 154

ACHROMATISME. — Son étymologie. — Son inventeur. — Comment
  on l'obtient. 241

ALLEMAGNE (VERRERIE D'). 30
  — Elle secoue le joug vénitien. 30
  — Ses plus illustres verriers. 30
  — Ses vidercomes. 129
  — Son plus ancien verre. 30

ANGELO BEROVIERO. — Verrier vénitien. — Ses secrets vendus par
  sa fille. 27

ANGLETERRE (VERRERIE D'). 38

ARISTOPHANE. — Ce qu'il dit dans sa pièce des *Nuées* sur un
  verre d'optique. 236

ARISTOTE. — Il indique l'étamage. 80

ATTALIQUE. — Ce qu'on entend par ce mot 12

B.

BACCARAT (MANUFACTURE DE). — Son origine. 38

BACON (ROGER). — Inventeur présumé des longues-vues. 273

BARTHÉLEMY (L'ABBÉ). — Les anciens connaissaient le filigrane. 191

BELGIQUE (VERRERIE DE).   37
BERRY (LA DUCHESSE DE). — Avait des *vitres* en toile cirée. . . .   67
BESICLES. — Leur histoire.   246
  — d'où vient ce mot. . . . . •. . .   246
BOHÊME (VERRERIE DE).   31
  — Gaspard Lehmann est le premier qui grave le verre. . .   31
  — Composition de son verre.   32
  — Le verre de Cluny.   32
  — Ce que dit M. Godart de cette verrerie.   32
  — Motifs du bon marché de ses produits.   33
  — Son beau verre.   152
BONTEMPS (M.). — Très-souvent cité. . . . .
BONZI. — Ambassadeur de France à Venise. — Sa triste position.   98
BOUCHONS DE CARAFES. — Leur fabrication.   122
BOUDET. — Suivant lui, les Égyptiens coloraient le verre. . . .   182
BOUTEILLES. — Leur historique.   108
  — Les Égyptiens s'en servaient.   108
  — Nos bouteilles ne sont qu'une servile imitation de celles
      des Romains.   109
  — Établissement de la première manufacture de bouteilles.   109
  — De leur composition et de leur fabrication.   110
  — Les unes sont soufflées, les autres moulées.   111
BOUTET DE MONVEL (M.). — Définition des instruments d'optique.   235
BRACELET. — Fabrication des grains de).   179
BRIANI (CHRISTOPHE). — Fait du verre coloré.   29
BUIRE. — Exécutée à la cristallerie de Clichy.   117
  — de l'assemblage de chacune de ses parties.   119

C

CARLO MARIN. — Son opinion sur l'origine de l'industrie verrière
      à Venise.   24
CHAMBRE CLAIRE. — Ses résultats.   256
CHAN.. — Empereur et astronome chinois.   236
CHANCE (M.).. — Son opinion sur les produits anglais. . . . 39, 40
CHAPELETS (FABRICATION DES GRAINS DE).   179
CHARLEMAGNE. — Son Hanap.   126
CHEVALIER (M. ARTHUR). — Cité pour les verres d'optique. . . .   244
CLAUDET. — Son analyse du verre Pompéien.   65
CLICHY LA GARENNE (CRISTALLERIE DE). — Sa buire.   117
  — Ses verres et gobelets.   141
COCHIN (M. A.). — Ce qu'il dit de la composition du verre. . . .   56
  — Récit du coulage d'une glace à Saint-Gobain.   141

COLBERT. — Ce ministre fonde la première glacerie à Paris. . .   100
— Il sacrifie l'ambassadeur pour avoir le secret des Véni-
    tiens.   98
COLLIER (GRAINS DE). — Leur fabrication.   179
— De la reine Ra-ma-ka.   10
COLORATION DU VERRE ET DU CRISTAL. — Des oxydes colorants. .   181
— Était connue des Égyptiens   9
— Strabon en parle.   182
— Les Romains imitaient les pierres précieuses   9
— A Rome les faussaires aussi habiles qu'à Paris.   184
— Ce qu'il en coûte pour tromper une impératrice.   184
— Un lion changé en dindon.   185
— Christophe Briani se livre à cette industrie dès le treizième
    siècle   29
— Date de la résurrection du verre coloré en France   185
CONSEIL DES DIX. — Ses lois tyranniques   26
COUPES ET VERRES A BOIRE. — Salomon parle des coupes. . . .   124
— Elles étaient employées dans les mariages des Hébreux. .   124
— Quelle était à Rome la couleur préférée du verre?   125
— Origine du mot flûter.   142
— Hanap de Charlemagne.   126
— Des verres de fabrication allemande   126
— Montaigne cité.   127
— Le Vidercome allemand. — Traduction du mot et de son
    usage.   127
— Des verres fabriqués en Bohême.   130
— Le Vidercome devient une chope.   130
— Fabrication de la chope.   130
— Des verres de fabrication vénitienne.   131
— Les Vénitiens connaissaient-ils le champagne?   138
— Verre à pied de fabrication française, seizième siècle. . .   139
— Verres fabriqués à la cristallerie de Clichy.   141
COLLIERS (FABRICATION DES GRAINS DE).   179
COLORATION DU VERRE. — Pierres précieuses artificielles. . . .   183
CREUSETS (DES).   62
CROWN-GLASS. — Sa composition.   233
CYLINDRES A PENDULES. — Leurs diverses fabrications.   205

D

Daru. — Cité 26
Debette. — De la fabrication du verre à vitre en couronne. . . 73
Devéria (M. Théodule). — Sa traduction de la légende de la
    Reine Ra-ma-ka. 10
Diane (Mlle). — Son petit ménage en verre. 44
Donné et Foucault. — Inventeurs du microscope photo-élec-
    trique. 261
Dorure sur verre (extérieure et intérieure). — Leur mode de
    fabrication. 144
Dupré (M.). — Exemple de la prodigieuse puissance du mi-
    croscope. 255

E

Étamage des glaces. — Aristote l'indique. 80
  — Fixé au quatorzième siècle par Lazari. 80
  — Comment il se fait à Saint-Gobain. 105
  — Nouveaux modes d'étamage inventés par M. Petit-Jean. . 106
  — Étamage par l'argent, inventé par MM. Brossette. 106

F

Faussaires (Les). — Ne sont pas de création moderne. 183
Fiesque (La comtesse de). — Ce qu'elle donne pour un miroir. . 101
Figuier (M.). — Cité. 253
Filigranes. — Voir verres filigranés. 191
Flacons. — Différence qui existe entre boutéille et flacon. (Voir
    bouteilles, p. 103.) 121
  — Opinion de Rabelais et de Tabourot. 121
  — Comment on fait leurs bouchons. 122
Flavius (Joseph). — Son opinion sur l'invention du verre. . . . 7
Flint-Glass. — Sa composition. 232
Flute. — Espèce de verre à boire. 142
Fortunat. — Sa lettre à la reine Radegonde, ... 41

FOUCAULT ET DONNÉ. — Inventeurs du microscope photo-élec-
  trique. 261
FOURS. — Leur construction. 61
  — La chaleur qu'ils donnent 61
  — Le temps qu'ils durent. 62
FRANCE. — Sa verrerie. 40
  — Sa verrerie du temps de Clotaire Ier. 41
  — Impôt onéreux exigé du verrier Guionet, par Humbert
    Dauphin de Viennois. 42
  — Le petit ménage de mademoiselle Diane 44
  — Des gentilshommes verriers. 44
FUSCH. — Il invente le verre soluble. . . . . }
  — De quoi il se fait. . . . . } 213

G

GABRIELLE D'ESTRÉES. — Ses deux bonnets en jais. 177
GALILÉE. — Inventeur de la lorgnette de spectacle. 275
GALLIEN. — Comment cet empereur se venge d'un faussaire . . 185
GAMIN. — Ce que c'est qu'un gamin. — Son origine. 70
GAULE (VERRERIE DE LA). 19
GENTILSHOMMES VERRIERS: — Étaient-ils nobles par leur état?. . 44
GLACES ET MIROIRS. — Leur historique. 76
  — Ceux d'Ève, de Narcisse et de Mahomet. 77
  — Milton. — Ses vers sur le premier miroir. 76
  — Égyptiens. 78
  — Pline parle des miroirs. 79
  — L'Allemagne et la Flandre ont la priorité sur Venise. . . 81
  — Andrea et Dominico d'Anzolo dal Gallo fondent une miroi-
    terie à Venise. 80
  — Pourquoi les anciennes glaces sont petites. 81
  — Liberale Motta les agrandit. 81
  — De Marie de Médicis. 83
  — Son estimation en 1791. 86
  — Miroir vénitien. 87
  — Miroirs à main renouvelés de ceux des Égyptiens. 90
  — Miroir rond à deux valves, ivoire sculpté. 92
  — Miroir de Henri III. 94
  — Virelay de Régnier Desmarets sur les miroirs. 97
  — Colbert fonde la manufacture royale. 97
  — Triste position de François de Bonzi, ambassadeur de
    France à Venise. 98

GLACES ET MIROIRS. — Histoire des jeunes Strasbourgeois qui
    surprennent le secret des Vénitiens.   100
— Est-ce à Richard Lucas, sieur de Nehou, ou à Abraham
    Thevart que la France est redevable de n'être plus tri-
    butaire de Venise?   101
— Folie de la comtesse de Fiesque.   101
— Établissement de la manufacture de Saint-Gobain. . . .   102
— Composition de ses glaces. — Travail qu'elles exigent. .   103
— De l'étamage.   106
          . . . Voir *Étamage,* page 80-106.
— Prix comparé des glaces.   107
GLOBES DE LAMPES. — Leur mode de fabrication.   210
GODART (M.). — Ce qu'il dit de la verrerie de Bohême.   32
GRAVURE SUR VERRE. — Voir *Taille et gravure.*   147
GREGORY. — Son télescope.   267
GUI DE CHAULIAC. — Est le premier qui prescrit les besicles. . .   246

H

HALL. — Inventeur de l'achromatisme.   240
HENRI III. — Son miroir.   94
HÉRODOTE. — Les crocodiles portant des boucles d'oreilles. . . .   183
HERSCHEL. — Son télescope.   269
HERVEY (LE CAPITAINE). — Trouve la perle de la reine Ra-ma-ka. .   19
HORACE. — Ce qu'il dit des bouteilles.   109
HUMBERT, DAUPHIN DE VIENNOIS. — L'énorme redevance qu'il im-
    pose au verrier Guionet.   42

I

IRISATION DU VERRE. — Sa cause.   227

J

JAIS. — Le vrai et le faux.   176
— Déjà de grande mode en 1723.   177
— Les deux bonnets de Gabrielle d'Estrées.   177
— Les Égyptiens plus avancés que nous.   178
JUMELLES. — Voir *Lunettes.*   276

L

Labarte (M. J.). — Souvent cité.

Lactance. — Parle des vitres. 66

Lambour (M.). — Exécute en verre filé un lion étouffant un serpent. 167

Lançon (M.). — Sur la taille des pierres précieuses artificielles. 189

Lanterne magique. — Elle est l'origine du microscope. . . . 258

Latticinio. — Ce que les Italiens entendent par ce mot. . . . 191

Lazari. — Époque des glaces étamées en Italie. 80

Lieberkhun. — Invente le microscope solaire. 259

Lippershey (Jean). — Opticien de Middelbourg. — Son histoire. 274

Longues-vues. — Voir *Lunettes terrestres*. 273

Lorgnette de spectacle. — Voir *Lunettes*. 275

Loupe. — Ce que c'est. . . . . }
— Son utilité et ses défauts. . . . . } 247

Lumière (La). — Ce qu'elle était il y a deux siècles. 238
— Sa décomposition et sa recomposition 240

Lunettes. — Voir *Besicles*. 246
— Astronomique. — Les Chinois s'en servaient-ils? . . . 263
— Elles ont besoin d'un auxiliaire. 265
— Terrestres; à qui nous les devons 273
— Histoire de Lippershey. 274
— de spectacle. — Pourquoi dites de Galilée. 275
— — — Pourquoi appelées jumelles. 275

Lustrerie. 211

M

Mahomet. — Quel était son miroir? 77

Maquillage. — Sottise connue des anciens. 16

Marie de Médicis. — Son miroir. 83

Marion (M.). — Cité. 251

Martial. — Ce qu'il dit des bouteilles 109

Maynard. — Ses vers contre Saint-Amand. 46

Métius. — Inventeur présumé des longues-vues. 273

Micromètre. — Son utilité et son étymologie. 252

Microscope. — Simple, et son étymologie. 248
— Composé. 249
— Ses effets prodigieux 253

MICROSCOPE. — Solaire. — Son inventeur. 259
— Photo-électrique. — Ses inventeurs. 261
MILLEFIORI. — Voir *Serre-papiers* 202
MILLINGEN. — Explique le sujet du vase de Portland. 159
MILTON. — Ses vers sur le miroir d'Ève. 76
MIOTTI (DOMINIQUE). — Fait renaître à Venise la fabrication des
 perles. 29
MIROIR. — Voir *Glaces* 76
MONTAIGNE. — Ce qu'il dit des vidercomes. 129
MONTRE (FABRICATION DE VERRES DE) 206
MOULAGE DU VERRE. — Voir *Taille et gravure du verre.* . . . 147

N

NACHET (M.). — Avantage de la chambre claire. 256
NEHOU (LUCAS DE). — Verrier de Tourlaville appelé à Paris par
 Colbert. — Est-ce à lui qu'il faut attribuer le moyen de
 couler les glaces? 99
NEWTON. — Il décompose la lumière. 238
— Son télescope. 266
NIEUPORT. — Sur les funérailles des Romains. 15
NORTHUMBERDAND (LE DUC DE). — Serre ses vitres de peur de les
 casser. 67

O

OPTIQUE (COMPOSITION DE VERRES D') 232
— Leur mode de fabrication. 223
— Four à verres d'optique. 234
— Définition des instruments d'optique. 235
— Manière facile de payer ses dettes. 237

P

PÉLIGOT (M.). — Souvent cité.
PENDULES (FABRICATION DES VERRES DE). 206
PERLES FAUSSES SOUFFLÉES. — En usage à Rome. 216
— Mentionnées par Pétrone 215

PERLES FAUSSES SOUFFLÉES. — Cette industrie renaît en Italie. . 217
, — Andréa Vidaore les perfectionne. 218
— Leur mode de fabrication. . . . . . . •. 218
— Histoire de maître Jacquin. 222
— Comment on leur donne la couleur nacrée. . . . . •. 225
PERLES PLEINES. — Perles du collier de la reine Ra-ma-ka. . . 9
' — Différence de fabrication des perles soufflées à celle des
perles pleines . . : . . . . •. . . 179
PERSIL (LE). — A-t-il le don de casser le verre ? 60
PÉTRONE. — Ce qu'il dit des bouteilles. . . . . . . '. . . 109
PIERRES PRÉCIEUSES ARTIFICIELLES. — Qu'est-ce que le strass ?. . ⎫
— D'où lui vient ce nom ? . . . . ⎬ 187
— Comment on fabrique l'améthyste, l'aventurine, l'éme-
raude, le rubis, le saphir et la topaze. 187
— De la taille et du poli. 189
— Voir *Coloration du verre*. 181
PILON. — Des yeux artificiels. . . . . - . . . 283
PLINE. — Son récit sur l'invention du verre. 6
— Sur la coloration du verre. 183
— Sa colère contre le luxe des perles. 216
POMPÉI. — Verre à vitre trouvé dans ses ruines. 65
PORTA (J.-B.). — Inventeur présumé des longues-vues. 273
PORTLAND (VASE DE). — Origine de ce nom. ⎫
— Son histoire. . . . . ⎬ 156
— Sa catastrophe. . . . . ⎭
PRISME. — Son objet. — Sa forme. — Ses effets. 240

R

RABELAIS. — La différence qu'il fait de bouteille à flacon. . . . 121
RADEGONDE. — Lettre qu'elle reçoit de Fortunat. 41
RA-MA-KA. — Grain de collier de cette reine. 10
RÉAUMUR. — Sur les tissus en verre. 168
RÉGNIER DESMARETS. — Son virelay sur la mode des glaces. . . 97
REIMANN. — Son opinion sur l'opaque de l'invention du verre. . 6
ROBINET. — Sa pompe pour mouler le verre. 148
ROMAINS. — Leur verrerie usuelle. 16
ROUSSIN (M. LE DOCTEUR). — Sur l'utilité du microscope. 254

S

Saint-Gobain. — Établissement de cette cristallerie. 102
Saint-Simon. — Son histoire de la comtesse de Fiesque. . . . 101
Salviati (M.). — Cité. 201
Salvino Armato. — Inventeur des besicles. 247
Sanctorius. — Cité au nombre des inventeurs du thermomètre. 171
Savary. — Ce qu'il dit du jais. 177
Scaurus. — Le théâtre qu'il fait construire. 11
Schweighauser (M.). — Sa description du vase de Strasbourg. . 19
Sénèque. — Ce qu'il dit des verres grossissants. 237
Serre-papiers en millefiori. — Leur fabrication. 204
Sidon. — Célèbre par ses verreries. 10
Spectre solaire. — Nom donné à la décomposition de la lumière
    en sept couleurs 241
Spina. — Vulgarise l'usage des besicles. 246
Strabon. — Ce qu'il dit de la coloration du verre. 182
Strasbourg (Sur le vase trouvé a). 19
Strass. — Ce que c'est. . . . .
         Pourquoi ainsi nommé 186
         Sa composition. . . . .

T

Tabourot. — La distinction qu'il établit entre bouteille et
    flacon. 121
Tacite. — A peu près d'accord avec Pline sur l'invention du
    verre. 7
Taille-gravure et moulage du cristal et du verre. 147
— Les Romains connaissaient la taille et la gravure. 147
— Les divers procédés employés pour la gravure. 148
— Voir Verre de Bohême. 31
— Voir Buire de Clichy. 117
— De la gravure par l'acide fluorhydrique. 153
— Du moulage par la pompe Robinet. 151
Télescopes. — Étymologie du mot. 266
— de Gregory. 266
— de Newton. 266
— de Herschel 269
— de lord Ross. 271
— Voir Lunettes terrestres. 273

THERMOMÈTRE. — Son origine   170
   —   De la fabrication des tubes   172
   —   Comment on met le mercure.   173
   —   Comment on gradue les verres.   174
   —   Voir *Verre filé.*   163
TUBAL-CAIN. — Est-il l'inventeur du verre   6
TYR. — Célèbre par ses verreries   10

V

VASE DE PORTLAND.   156
   —   STRASBOURG   19
VENISE. — Origine de l'industrie verrière, d'après Carlo Marin. .   24
   —   Elle s'empare du monopole   25
   —   Le conseil des Dix   25
   —   Ses lois barbares.   26
   —   Histoire d'Angelo Beroviero   27
   —   A qui elle doit l'idée de se livrer à l'exportation   28
   —   Ses verres à boire.   131
VERRE. — A quel pays revient l'honneur de l'invention ?   6
   —   Sa composition.   56
   —   M. Cochin cité   56
   —   Son invention remonte-t-elle à Tubal Caïn?   6
   —   Les Phéniciens ont-ils pu le découvrir en faisant leur cui-
          sine?   7
   —   Flavius Joseph pense que oui   7
   —   Sidon et Tyr célèbres par leurs verreries   10
   —   Le plus ancien objet en verre.   9
   —   Les Romains l'imposent en tribut aux Égyptiens.   10
   —   Théâtre de Scaurus   11
   —   Objets usuels à Rome.   16
   —   Objets pour la toilette des dames romaines   15
   —   Le vase de Strasbourg.   19
   —   Son industrie se perd en Occident   23
   —   Venise s'empare du monopole   24
   —   Pourquoi les verres de lampe se cassent si souvent. . . .   60
   —   Voir *Venise.*   24
   —   — *Allemagne*   30
   —   — *Bohême*   30
   —   — *Angleterre.*   38
   —   — *France.*   40

Verre coloré dans la masse. (Voir *Coloration du verre*) 181
— à boire. — Voir *Coupes*. 124
Verre craquelé. — Les Vénitiens l'ont employé. 160
— Les trois modes de fabrication 160
— Des brocs à glace. 162
— en couronne. — Son mode de fabrication. 68
— en cylindre. — Son mode de fabrication 69
— à deux couches. — Connu des anciens 155
— Comment on obtient un vase à raies de diverses couleurs. 155
— Le vase de Portland 157
Verre de montre. — Sa fabrication 206
Verre de pendule. — Sa fabrication. 206
Verre dépoli. — Comment on l'obtient. 207
Verre d'optique. — Leur forme. — Leur fabrication. 232
Verre doré dans la masse. — Manière de l'obtenir. 145
Verre filé. — Comment on le fait 164
— Cadeau fait à Charles-Quint 164
— Le lion du Conservatoire des arts et métiers 167
— La perruque d'un prince 167
— On en fait des aigrettes pour chapeaux. 167
— Proposé par Réaumur pour faire des robes. 168
— Exemple extraordinaire de sa ductilité. 169
Verre filigrané. — Étymologie du mot. . . . . }
— Les anciens le fabriquaient . . . . } 191
— Ses divers modes de fabrication. 192
— Il y en a de simples et de composés 192
— Comment on fait des vases 200
— M. Bontemps est le premier qui ressuscite cet art en
    France 196
— M. Salviati cité. 201
Verre mousseline. — Manière d'obtenir divers dessins. . . . 208
Verre soluble. — Sa composition. 212
— Par qui inventé 212
Verre trempé. 231
Verriers Thébains. 10
Versailles. — Sa galerie des glaces. 101
Vidaore Andrea. — Perfectionne les perles fausses 218
Vitraux (Des) d'églises. 284
— Les couleurs des anciens n'ont jamais été perdues. . . . 286
— Motifs pour lesquels les vitraux modernes n'ont pas l'éclat
    des anciens 392
— Leur mode de fabrication 290
Vitres (Verres à). — Historique 64
— Winckelmann soutient leur ancienneté 64
— Celles trouvées à Pompéi lui donnent raison 65

— Composition du verre à vitre actuel, comparée à celle des vitres trouvées a Pompéi 65
— Leur rareté au quinzième siècle 67
— Leur composition, fonte et soufflage actuels. 68
VITRES CANNELÉES. — Comment on les obtient 74
VOCABULAIRE DES TERMES employés dans les cristalleries . . . 58

W

WILKENSON, — Ce qu'il dit de la perle de la reine Ra-ma-ka. . . 10
WINCKELMANN. — Sur les vitres trouvées à Pompéi 74

Y

YEUX ARTIFICIELS. — Connus des Égyptiens. 277
— Leur mode de fabrication actuelle 279

16780 — Typographie Lahure, rue de Fleurus, 9, à Paris.